线绳艺术 | 好玩又实用的绕线画

[英] 露西·霍普 著

黄艳文 译

河南科学技术出版社

· 郑州 ·

前　言

线绳艺术是一种近来重新流行的复古艺术，它在迎合时代需求的同时不断推陈出新。和过去那种棕色、橙色相间的螺旋花纹式线绳工艺不同的是，本书使用的几何形图案、渐变色效果和独特技法等均使得线绳艺术与时俱进。除较为传统的墙壁艺术外，书中的35款作品涵盖日常佩饰、家居用品、贺卡等生活的方方面面，其天马行空的想象力令人惊叹。

19世纪末，一位名为玛丽·埃佛勒斯·布尔（Mary Everest Boole）的英国女士留下了关于线绳艺术的最早记录。她用平直的线绳设计了曲线形状，希望能够帮助孩子们理解贝塞尔曲线这一数学概念。但到了20世纪70年代，几何形状的线绳工艺风靡一时。在大头针或钉子上有层次地缠绕线绳，设计出复杂的绕线画，可以用来装饰房间。曲线缝合用了同样的概念，只是不再将线绳缠绕在大头针上，而是缝在织物或卡片上。

在第一章"展示与装饰"中，探索了如何用线绳艺术为房间制作美丽的饰物。以浮木或旧托盘制成的墙壁艺术作品令人惊叹，它们令这一古老而经典的艺术得以与时俱进，用在乡村散步或在城市探索时便能发现的木材即可制作而成。在时尚的创意餐垫（见第38页）、几何图案灯罩（见第14页）或三角形图案废纸篓上（见第45页）展示你的缝纫技巧！

第二章"佩饰与珠宝"中，用许多炫酷的方式，用线绳和常见的材料制成了许多可佩戴的物品。节日元素购物袋　（见第63页）是一项格外引人注目的设计，而木制的小鸟胸针（见第58页）可以别在外套翻领上，非常适合日常佩戴。

第三章"巧妙的礼物"中介绍了许多小物品，非常适合初学者动手制作。颜色鲜艳的线绕字母（见第78页）是送给新生宝宝的绝佳礼物，五颜六色的手缝笔记本（见第76页）会使你的工作日闪闪发光，在特殊日子里送上手工贺卡（见第89页）也是个不错的惊喜。

我希望这些手工作品能够激发你对线绳艺术的兴趣。书中全部作品根据复杂程度分别被标为1星、2星或3星。在掌握了1星作品制作技艺的基础上，可以尝试制作2星或3星作品，之后还可以尝试自己设计图案，并将其应用到任何可以缝合、缠绕或穿线的物品上。

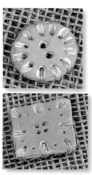

目　录

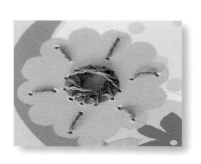

针法技巧

平针缝

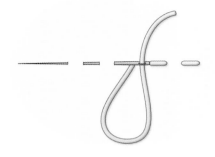

缝短短的几针后将线的末端固定住，向下穿入织物约1针的长度，再向上穿出织物约1针的长度。重复上述步骤，缝出1行长短、间隔均匀的针脚。

回针缝

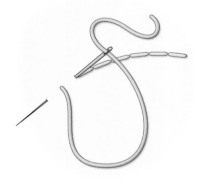

以平针的方式起针，先缝1针，拉出后开始缝第2针。这次并不直接向前，而是将针向后放在第1针的针脚处，向下推针穿过织物，再将针带出约1针的长度，并越过第2针的针脚。重复上述步骤，缝出一排紧密相连无间隔的针脚。

直针缝

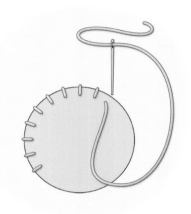

如图所示，用直针缝沿圆周缝1圈，从中心向圆周辐射，或以任意角度缝针均可。

缎面缝

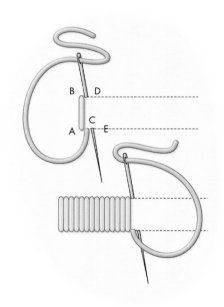

将针从A处向上穿入，B处向下穿入，从C处向上穿入时要紧挨着A处，从D处向下穿入要紧挨着B处，再从E处向上，依次类推，所有的针脚紧密相连，中间不露织物。

锁边缝

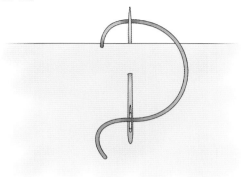

使针穿过织物的边缘，向织物背面推进一小段距离，约1针的长度，再将线绕在针的下面，出针，缝出第1针。

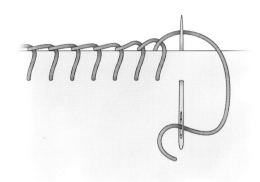

在第1针的右侧缝第2针，也要将线绕在针下。继续沿着织物边缘推进，最后在织物背面缝几小针或系1个小结。

法式结

将线打结，使针线从后向前穿过织物。将线在针头上绕一两圈，然后将针紧挨着上一针的针脚处向后穿出。当你将针插进织物时，要用另一只手的拇指指甲压着缠绕在针上的线，使线紧紧贴着织物。以同样的方式一直重复，缠绕在针上的线会在织物表面形成一个结。

可开合的圆环

要打开1个圆环，可用2把钳子分别夹住圆环连接处的两边，稍稍用力，使钳子向相反的方向扭转，使圆环连接处在不折断、不变形的情况下分开。

要合上圆环，可反方向重复上述扭转动作，使其连接处两端整齐地合上。若以上图所示的方式打开、合上，圆环将会保持完美的圆形。

第一章
展示与装饰

浮木羽毛

用浮木作为基础材料，打造出一款令人惊叹的墙壁艺术品。
试着在河岸、湖边或海边寻找所需要的木材吧——
你会找到许多意想不到的材料。

所需材料

· 描图纸

· 铅笔

· 浮木

· 遮蔽胶带

· 13 mm的钉子

· 锤子

· 蓝绿色、浅绿色、米色、珊瑚色的手缝线

· 剪刀

★★☆

1 复印第106页的模板，用遮蔽胶带将复印的模板固定在浮木表面合适的位置，再在每个标记点上钉1颗钉子。

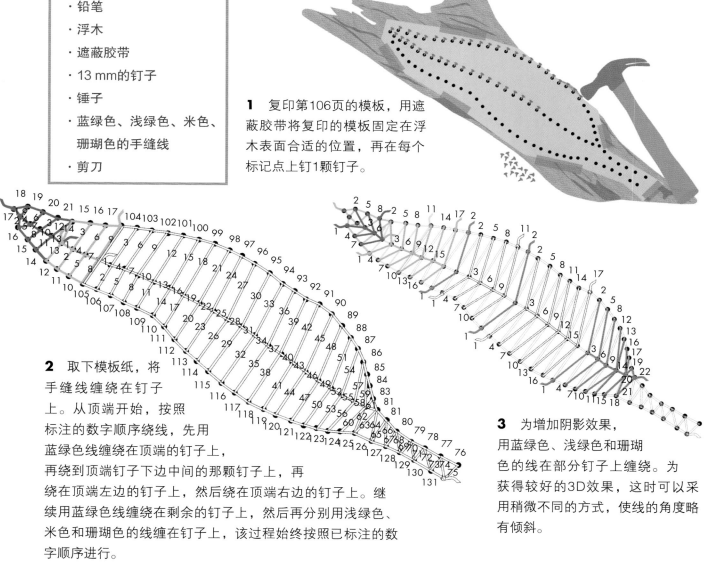

2 取下模板纸，将手缝线缠绕在钉子上。从顶端开始，按照标注的数字顺序绕线，先用蓝绿色线缠绕在顶端的钉子上，再绕到顶端钉子下边中间的那颗钉子上，再绕在顶端左边的钉子上，然后绕在顶端右边的钉子上。继续用蓝绿色线缠绕在剩余的钉子上，然后再分别用浅绿色、米色和珊瑚色的线缠在钉子上，该过程始终按照已标注的数字顺序进行。

3 为增加阴影效果，用蓝绿色、浅绿色和珊瑚色的线在部分钉子上缠绕。为获得较好的3D效果，这时可以采用稍微不同的方式，使线的角度略有倾斜。

猫头鹰绕线画

哇！用纱线缠绕在钉子上，就能制成一幅特别的猫头鹰绕线画呢！
充分发挥自己的想象力和创造力，将线缠出多个层次，
使缠绕出的不同形状和部位更为整洁，更加明显。

所需材料

· 30 cm×30 cm的木板，厚度
  为6mm
· 黑色亚光喷漆
· 13 mm的钉子
· 锤子
· 遮蔽胶带
· 蓝色、浅蓝色、浅绿色、黄
  色、品红色、浅粉色、橙色、
  浅橙色、桃红色、蓝绿色的手
  缝线
· 剪刀

★★★

1 给木板喷上黑漆，并晾干。

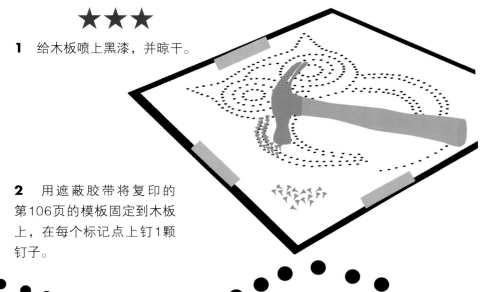

2 用遮蔽胶带将复印的第106页的模板固定到木板上，在每个标记点上钉1颗钉子。

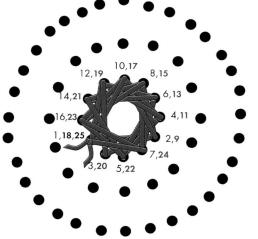

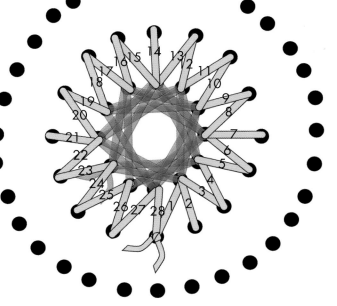

3 轻轻取下模板纸。先从眼睛部分着手：将蓝色线系在内圈的钉子上，然后按图中数字的顺序缠绕在钉子上。

4 再将浅蓝色线按照图中数字的顺序缠绕在钉子上。

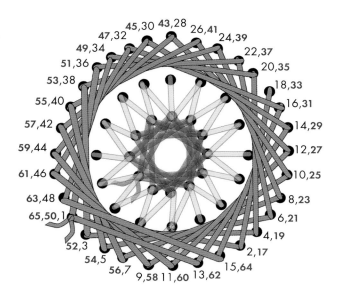

45,30 43,28 26,41
47,32 24,39
49,34 22,37
51,36 20,35
53,38 18,33
55,40 16,31
57,42 14,29
59,44 12,27
61,46 10,25
63,48 8,23
65,50,1 6,21
52,3 4,19
54,5 2,17
56,7 15,64
9,58 11,60 13,62

5 要使眼睛部分填充完整,需要按照图中数字的顺序,将浅绿色线缠绕在钉子上。

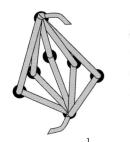

6 要缠绕出鸟喙,如图所示,需要将黄色线系在鸟喙部分的钉子上,并缠绕住钉子。

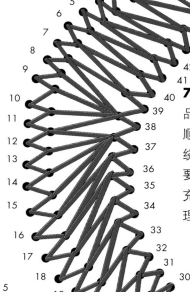

7 现在处理两翼部分。用品红色线按照图中数字的顺序沿两侧进行之字形缠绕。至于中间的部分,需要用更大的之字形将其填充完整。以同样的方式处理另一侧羽翼。

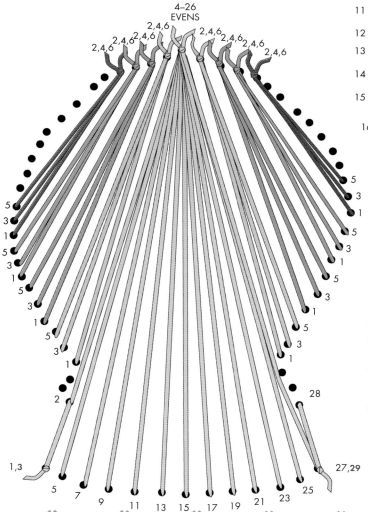

4-26
EVENS
2,4,6 2,4,6 2,4,6 2,4,6 2,4,6 2,4,6 2,4,6
2,4,6

8 如图所示,用品红色、浅粉色、橙色、浅橙色和桃红色的线垂直缠绕在钉子上形成胸部和尾部,由外向内依次缠绕,制造出阴影效果。

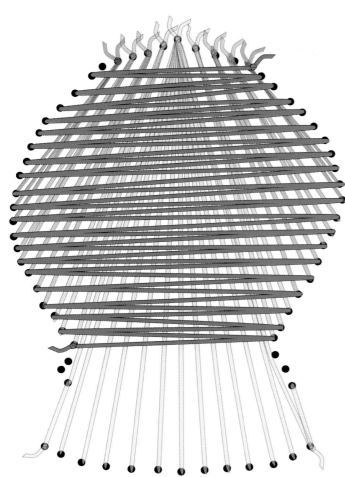

9 然后在胸部上方，沿水平方向缠绕一层蓝绿色线。

10 最后，按照步骤8中的方式，在胸部和尾部中间，沿垂直方向分别再缠绕一层桃红色、浅橙色和橙色的线。

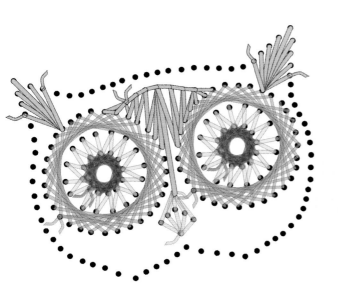

11 现在要将脸部处理完毕，只需在脸部随意添加几层橙色和浅粉色的线即可。我个人是在前额和耳朵部分添加了浅橙色线，在脸部周围呈之字形添加了橙色和浅粉色的线。

几何图案灯罩

将炫酷的几何图案缝在纯白色灯罩上，
令普通的灯罩焕然一新。选择与家居装饰风格相匹配的灯罩，
或者仿照图中的灯罩制作，选择时尚的配色即可。

★★☆

所需材料

· 纯白色灯罩和支架

· 尺子

· 铅笔

· 青绿色、鲜绿色、暗粉色、紫
  色、柠檬黄色的棉线

· 尖头缝针

· 剪刀

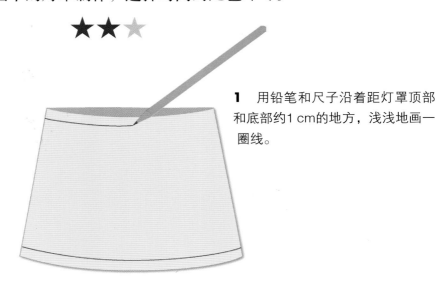

1　用铅笔和尺子沿着距灯罩顶部和底部约1 cm的地方，浅浅地画一圈线。

2　复印第107页的模板，将图案轻轻地绘制在灯罩上，条纹的宽度取决于灯罩的大小。我制作的图案条纹宽2~3 cm，条纹之间的间距为5 mm。

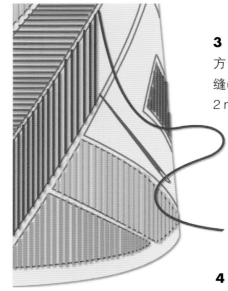

3　缝制各个部分时，分别沿垂直方向和水平方向做间隔均匀的缎面缝(见第4页)。每针之间的间距约为2 mm，间隔均匀填充完整。

4　将线头都缝在背面，并修剪整齐。

纽扣告示板

用漂亮的印花布装饰沉闷的告示板吧，使其焕然一新。
再添加一些线绳以固定文件，把纽扣放在线绳交叉处装饰图钉，
营造出一种略显古朴但又别致的效果。

★☆☆

所需材料

· 40 cm × 30 cm的告示板
· 50 cm × 40 cm灰色印花布
· 胶枪和钉枪
· 4 m金色细绳
· 剪刀
· 图钉约10颗
· 粉色贝壳纽扣约10颗

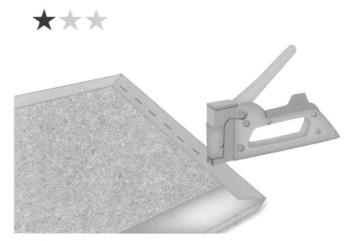

1 将灰色印花布平铺在告示板上，正面朝上，再将布的边缘折到告示板后并拉紧，使正面保持平整。用胶枪或钉枪将布的边缘粘在告示板背面。

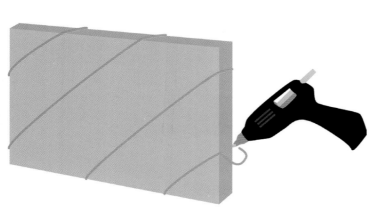

2 将金色细绳沿对角线方向缠绕在木板上，组成网格状。绳子需要留得长一些，使绳子两端能固定到告示板背面，再把线头修剪整齐。

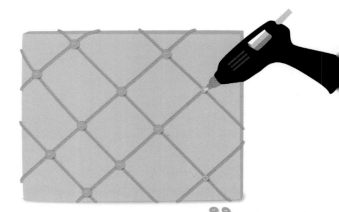

3 在细绳交叉处用图钉穿过绳子，并在每颗图钉上粘1颗粉色贝壳纽扣。

刺绣收纳筐

柳条编织的收纳筐，上面装饰有时尚的刺绣图案，放在书桌上也是一道风景。

所需材料

· 柳条编织的收纳筐

· 铅笔和尺子

· 翠绿色、橙色、浅紫色、铁锈色、紫色、浅灰色的单股棉线

· 粗缝针

· 剪刀

1 首先，在收纳筐的一侧画上网格。右图上我画的网格，会给人一种多个方块堆叠的三维错觉。

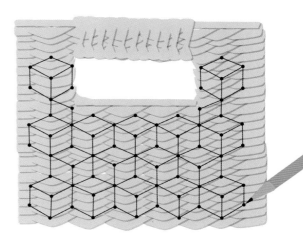

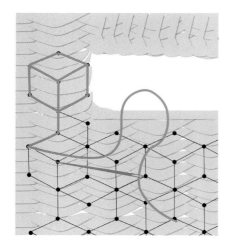

2 选定轮廓线的颜色后穿针，用直针缝（见第4页）将网格轮廓勾勒出。

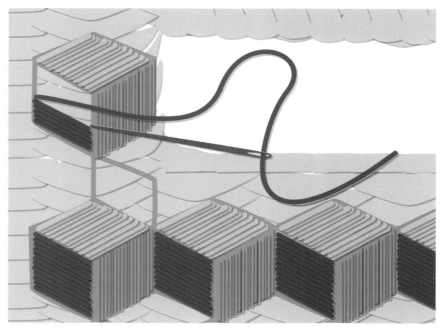

3 再用缎面缝（见第4页）填充每个方块的侧面，同一行的相同侧面选用同一种颜色的深色棉线填充，另外两个侧面选用中间色调和浅色调的棉线填充，这样可以打造出3D效果。

毛线碗

这个小小的毛线碗会令你的家人和朋友眼前一亮的，
它用1根简简单单的细绳手工制作而成。在缝纫机上，
用之字形针迹将3根颜色不同的棉线并成1股细绳，然后一圈圈绕在碗上，再手工缝起来。

所需材料

· 芥末黄色、蓝绿色、绿色、鲜
橙色、粉红色的阿兰棉线
· 剪刀
· 缝纫机
· 颜色风格相匹配的手缝线
· 针

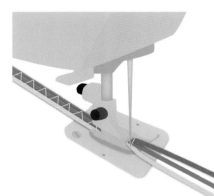

1 取3根颜色不同的棉线，长度
略有不同，分别为50 cm、75 cm、
100 cm。使3根棉线的一端对齐，
然后在缝纫机上用之字形针迹将棉
线缝成1股。

2 当一种颜色的棉线缝完后，用另
一种颜色的棉线接上，从而缝制出
1条五颜六色的细绳。继续缝制，
使绳子的长度达到20 m。

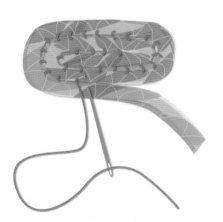

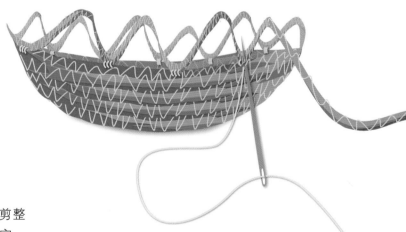

3 现在开始制作毛线碗。将绳子的一端修剪整
齐，折叠1.5 cm，再缝几小针在该处缝合固定。
然后开始卷细绳，并围绕中心部分缝合，直至卷
成所需要的碗底大小。

4 要想垒出碗壁，需要先在碗底最后一圈处向
上卷细绳，并缝在一起。

5 要想做出碗口处的波纹饰边，需要用细绳在碗口1
周绕出若干小环，并在每个小环与碗壁接触的地方缝
上几针。

6 继续缝制细绳和波纹饰边，直至毛线碗的形状
和尺寸达到预期效果。

曼陀罗装饰画

用这个更为复杂的八边形双层饰品装饰房间吧！
然后缝在织物背面，有一种优美、精致的感觉。

所需材料

· 4根27 cm长的木棒
· 锯子
· 美工刀
· 尺子
· 铅笔
· 铁锈色、桃红色、蓝绿色、芥末黄色、浅蓝色的棉线
· 剪刀
· 毛线缝针

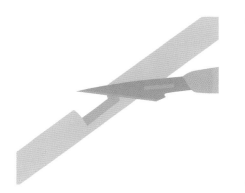

1 在每根木棒的中部刻出5 mm × 2 mm的刻痕，再用锯子锯一下，然后用美工刀将木块凿出。

2 将2根木棒交叉成十字形，再用铁锈色棉线在木棒交叉处缠绕几次，固定住木棒。

3 继续用铁锈色棉线沿逆时针方向缠绕，将棉线绕到右侧木棒下面，穿出后顺上方木棒从上至下绕1圈。然后再分别在左侧和下方木棒上重复缠绕。

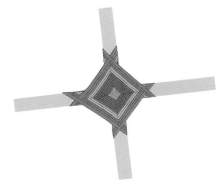

4 用铁锈色棉线以上述方式缠绕6圈，然后用桃红色棉线缠绕2圈，再用蓝绿色棉线缠绕3圈。

5 拿出第2对木棒，重复步骤1~4，但最后用蓝绿色棉线缠绕8圈而不是3圈。

温馨提示

用棉线缠绕木棒时，有时需要将棉线缠绕到上一层棉线的下面，使棉线图案保持对称。

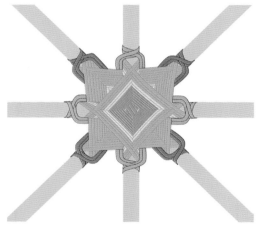

6 将棉线绕成的小方形斜放在大方形上，再用2排芥末黄色棉线将上方的木棒固定住，用2行铁锈色棉线将下方的木棒固定住。缠绕木棒时，棉线要从后面交叉穿过4根木棒，这样便能将其固定在一起，形成短剑状。

7 继续用棉线在木棒上缠绕，每次缠绕时棉线要绕在另一组木棒的背面：在上方的木棒上缠绕4圈浅蓝色棉线（棉线穿过下方木棒的下面）；在下方的木棒上缠绕2圈蓝绿色棉线（棉线穿过上方木棒和蓝绿色棉线的下面）；在上方的木棒上缠绕4圈芥末黄色棉线（棉线穿过下方木棒的下面）；在下方的木棒上缠绕7圈桃红色棉线（棉线穿过上方木棒和芥末黄色棉线的下面）；在上方的木棒上缠绕8圈蓝绿色棉线（棉线穿过下方木棒的下面）；在下方的木棒上缠绕3圈浅蓝色棉线（棉线穿过上方木棒和蓝绿色棉线的下面）；在上方的木棒上缠绕3圈浅蓝色棉线（棉线穿过下方木棒的下面）。

8 再分别在下方和上方的木棒上缠绕10圈铁锈色棉线，但需如步骤6所示，棉线要交叉穿过木棒的背面，形成短剑状。

9 然后按照步骤3~5和步骤7缠绕棉线，在下方的木棒上缠绕8圈桃红色棉线（棉线穿过上方木棒的下面）；在上方木棒上缠绕5圈芥末黄色棉线（棉线穿过桃红色棉线和下方木棒的下面）；在下方的木棒上缠绕2圈蓝绿色棉线（棉线穿过上方木棒和芥末黄色棉线的下面）；在上方的木棒上缠绕2圈蓝绿色棉线（棉线穿过下方木棒和蓝绿色、桃红色棉线的下面）。

10 接下来将深黄色棉线只绕在下方的木棒上，缠绕6圈，并交叉穿过木棒的背面，形成短剑状，如步骤6、步骤8所示。

11 随后，沿逆时针方向在所有木棒上先后缠绕16圈浅蓝色棉线、3圈铁锈色棉线和5圈芥末黄色棉线。

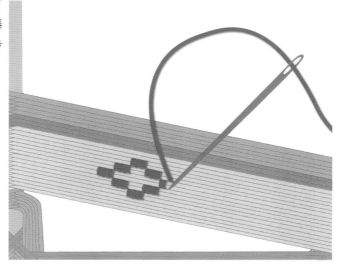

12 再用蓝绿色棉线，以直针缝（见第4页）在浅蓝色部分缝1个装饰图案，曼陀罗饰品便制成了。

气生植物玻璃容器

即使最不擅长园艺的人也能让气生植物保持勃勃生机！
充分发挥想象力，用细绳制作展示气生植物的背景板吧！

★★☆

三角形图案

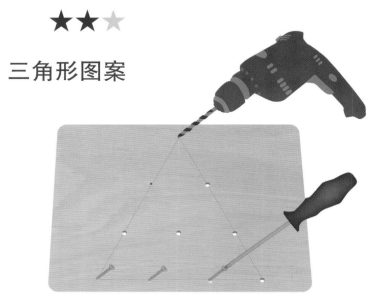

所需材料

· 3块大小相近的木质桌垫或木板
· 铅笔
· 尺子
· 钻头直径为2 mm的电钻
· 3.5 mm的螺钉
· 螺丝刀
· 橙色、芥末黄色、绿色的串珠绳或类似的细绳
· 剪刀
· 玻璃容器植物
· 胶枪
· 苔藓

1 在木板背面画1个等边三角形，再将各边分为长度相等的三小段。在底边向上第1对小孔的中间做上标记，并在每个点上钻1个孔，然后在每个孔上拧1颗螺钉。

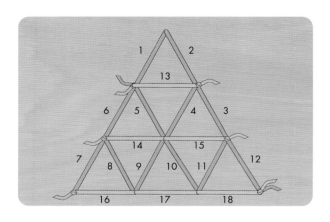

2 用橙色细绳系在顶角的螺钉上，按照图中所示的顺序从数字1到数字12，将细绳先后缠绕在相应的螺钉上。除数字3和数字7外，在其余螺钉上缠绕一圈半，这样方便细绳缠绕在接下来的2颗螺钉上。细绳缠绕到最后一颗螺钉时，系在上面并将线头修剪整齐。之后再用芥末黄色细绳，分别将数字13，数字14、15，数字16~18缠绕上，并在每层的末端打结。数字13处需要缠绕2圈，但其他处只需缠绕一圈半。

3 按照自己的想法，用胶枪将植物根部粘在细绳空隙处，再用苔藓遮盖住植物根部和胶水。

矩形图案

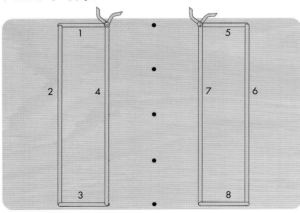 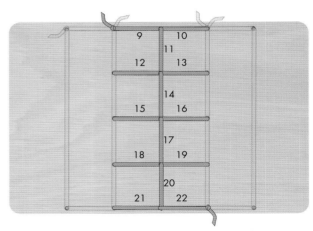

1 如上图所示，在关键的标记点处拧上螺钉。按照缠绕的顺序，先用芥末黄色细绳缠绕在数字1~4和数字5~8上。

2 然后用绿色细绳缠绕在数字9~22上，数字9、11、14、17、20和22均缠绕一圈半，其余数字处缠绕2圈。

3 按照你的想法添上植物。我家有两株长长的植物，因此我在两边各摆放了一株。

圆形图案

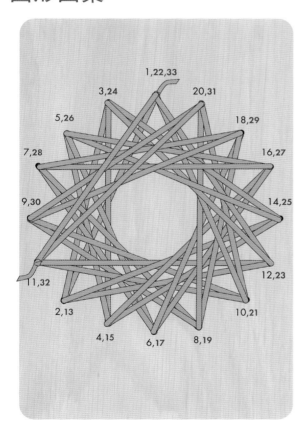

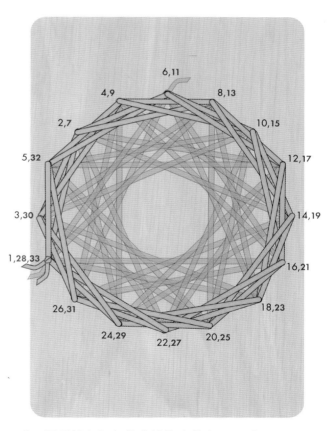

1 在1个圆形上拧上16颗均匀分布的螺钉，按照图中数字的顺序，用绿色细绳依次缠绕在数字1~32上。

2 再用橙色细绳依次缠绕在数字1~33上。

3 最后，与之前一样，在圆心处放上植物和苔藓。

捕梦网

捕梦网是绝佳的墙壁饰品。图中的捕梦网中间有1个心形，还带有绒球和毛毡饰品。

★ ★ ☆

所需材料

· 电线

· 绣绷

· 线绳

· 剪刀

· 红色、浅紫色、青绿色的布用颜料

· 画笔

· 青绿色、粉色、橙色、浅紫色的毛线

· 橄榄绿色、品红色、青绿色、浅绿色的毛毡

· 针

· 橄榄绿色、品红色、青绿色、浅绿色的单股棉线

· 青绿色的棉绳

· 柠檬绿色、青绿色、粉色的木珠

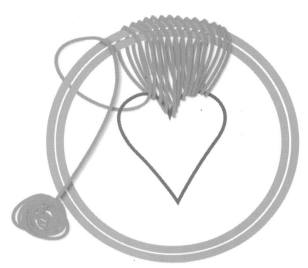

1 用电线绕成1个心形，放在绣绷的中心，再用线绳将心形和绣绷固定住。

2 用漆刷将线绳涂上颜色，由中心向外部开始涂色，依次涂成红色、浅紫色、青绿色，将线绳晾干。

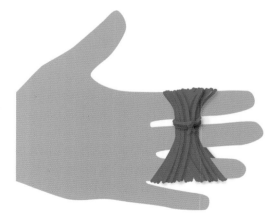

3 用青绿色毛线在3根手指上缠绕，形成整齐的1束。在中央缠绕几圈线绳并打1个紧紧的结。

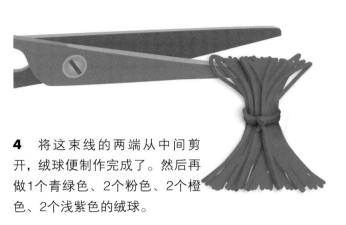

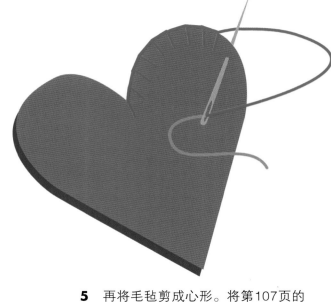

4 将这束线的两端从中间剪开，绒球便制作完成了。然后再做1个青绿色、2个粉色、2个橙色、2个浅紫色的绒球。

5 再将毛毡剪成心形。将第107页的心形模板裁剪下来，在每种颜色的毛毡上，各剪出2块心形。用与毛毡颜色不同的线，以锁边缝（见第5页）将2块颜色一样的心形缝在一起，只缝合心形的边缘即可。

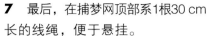

6 剪下3段长为100 cm的线绳，使每根线绳的一端穿过绣绷的底部，3根线绳要分布均匀。如图所示，将心形毛毡、绒球、木珠按照任意顺序穿在线绳上。

7 最后，在捕梦网顶部系1根30 cm长的线绳，便于悬挂。

瓶中之花

晶莹剔透的玻璃瓶一直都很受欢迎。有了这个作品，你的玻璃瓶永远不会碎，花儿也不会枯萎，还可以挂起来装饰墙面！

★ ★ ☆

所需材料

- 描图纸
- 铅笔
- 3块尺寸约为18 cm × 9 cm的木块
- 1块尺寸约为15 cm × 25 cm的木板
- 130颗15 mm长的钉子
- 锤子
- 胶带
- 浅紫色棉线
- 仿真花
- 胶枪（备用）

1　将第108页的模板描在描图纸上，再将木块正面朝下摆放，然后将木板放在木块上方，把它们钉在一起，需确保钉子不会穿透木块。再翻过来，使木块正面朝上。

2　用胶带将描图纸粘在木块上。在纸上每个描点处，用锤子将钉子的一部分钉入木块中。再取下木块上的描图纸。

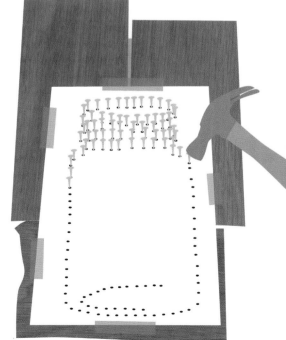

3　取一段浅紫色棉线，将棉线的一端系在第1行末端的钉子上。如上图所示，使棉线按"8"字形缠绕在相邻的钉子上，然后将"8"字形的一半缠绕住前两颗钉子，另一半缠绕在下一颗钉子上，再继续与前一颗钉子绕"8"字形，之后再用"8"字形的一半缠绕住这两颗钉子。

4　在第1行所有钉子上重复上述步骤，绘成一条线状的图案，再将棉线系在第1行的前端，并把线头修剪整齐。重复步骤3、4，用棉线将瓶子图案的每一行缠绕完。

5　将仿真花穿过"瓶子"的瓶口，如有需要，再用胶枪把仿真花粘上去。

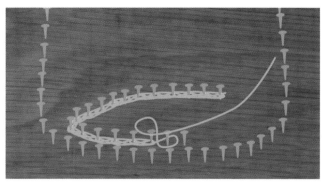

鹿首图

用旧的木制托盘、钉子和棉线拼出一个分块的壁挂。
挂在一起，令人惊艳!

★★☆

所需材料

· 描图纸
· 铅笔
· 剪刀
· 木制托盘或7.5 cm×2 cm的
  木板
· 尺子
· 锯子
· 磨砂纸
· 胶带
· 520颗15 mm长的钉子
· 锤子
· 酒红色棉线
· 16个挂钩

1 将第109页的模板描在描图纸上，网格也需要描上。再把模板剪成16个小方块。

2 把木板锯成16个边长为7.5 cm的方块，并将各边磨平。再用胶带将各块描图纸粘在木块上。

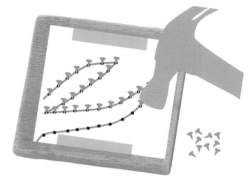

3 在纸上各标记点钉1颗钉子。

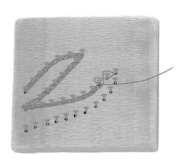

4 取下木块上的描图纸。剪一段酒红色棉线，系在图案上最后一行末端的钉子上。如上图所示，将棉线按"8"字形缠绕住钉子，然后用"8"字形的一半缠绕住前两颗钉子，另一半缠绕下一颗钉子，再继续与前一颗钉子绕"8"字形，之后再用"8"字形的一半缠绕住这两颗钉子。

5 沿所有钉子重复上述步骤，绘成一条线形的图案。把棉线末端打结，并将线头修剪整齐。

6 在每块木块上重复"画出"线形的图案。再在木块背面钉上1个挂钩，然后将木块按照顺序挂在一起。

创意餐垫

中世纪风格的餐垫颇为流行，可在晚宴上或日常生活中使用，
看起来都很漂亮。用塑料编织板改造而成的餐垫，是一种时尚的复古工艺品。

所需材料

· 2块尺寸约为32.5 cm × 23.5 cm
的塑料编织板
· 2块边长约为9.5 cm的正方形
塑料编织板
· 铅笔
· 尺子
· 粉色、米色、蓝绿色、灰色、
水绿色、芥末黄色的棉线
· 毛线缝针
· 剪刀

1 先数数每块编织板的长和宽上各有多少个孔——每个餐垫上应该有85×61个孔。2个杯垫上应该分别有25×25个孔。

2 制作粉色、米色、蓝绿色相间的餐垫时，沿第1行向下，在第13行的孔上做个标记，之后每隔12行做个标记。沿第1列向右，在第13列的孔上做个标记，之后每隔12列做个标记。在网格内缝出相互连接、图形一致的正方形图案。如图所示，用粉色棉线在第1个正方形的左上角缝5道长斜线。

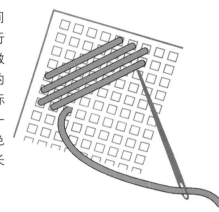

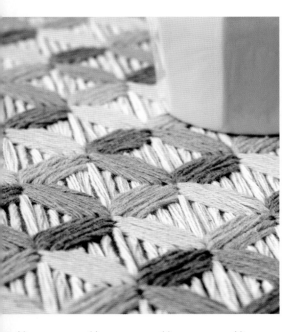

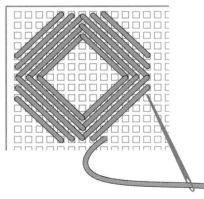

3 依次在正方形的其余3条边上缝线，使连在一起的2条边共用同一个孔。

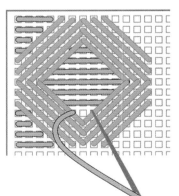

4 用米色棉线沿水平方向将空白处填充完整。

5 以同样的方式，用蓝绿色棉线缝第2个方形图案，餐垫上蓝绿色和粉色相间的图案交错排列，米色棉线沿水平方向将中间空白处填充完整。相邻的图案共用步骤2中标记好的孔。

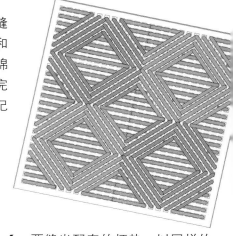

6 要缝出配套的杯垫，以同样的方式缝制即可，不过需要用灰色和水绿色的棉线缝。沿水平方向填充时，要用芥末黄色棉线。

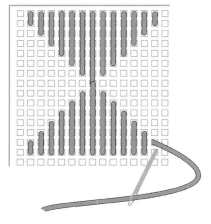

7 制作灰色、水绿色、芥末黄色相间的餐垫时，沿第1行向下，在第15行的孔上做个标记，之后每隔14行做下标记。但在做有标记的最后一行底部会多出4行。沿第1列向右，在第15列的孔上做下标记，之后每隔14列做下标记。在网格内缝出相互连接、图形一致的正方形图案。如图所示，用灰色棉线缝13针，在第1个正方形的上半部分和下半部分缝2个对称的三角形。

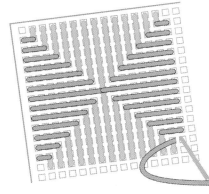

8 如图所示，再用水绿色棉线在正方形的左右两部分各缝上三角形，连在一起的2条边共用同一个孔。

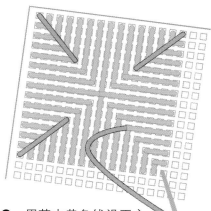

9 用芥末黄色线沿正方形的对角线缝出4条直线，每条线穿过5个孔。

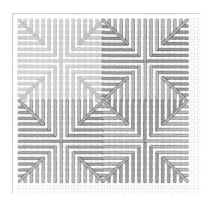

10 以同样的方式，在餐垫上缝出图案，如图所示，灰色和水绿色相间分布。相邻的图案同样按照步骤7中标记好的孔，将要缝线的孔标记出来。对于多出来的4行，如图所示，用同样的图案填充完整即可。

11 要制作配套的杯垫时，请按照相同的图案缝制，但需要用粉色、蓝绿色和米色的棉线。

渐变线缠绕画板

用钉子和彩色线创作四幅油画。每一幅都比前一幅多缠一层线，由此形成绚丽的渐变效果。

★ ★ ★

所需材料

- 4块20 cm × 20 cm的画板
- 铅笔和尺子
- 锤子
- 576颗钉子
- 青绿色、紫色、绿色的手缝线
- 剪刀

1 在距离画板边缘1 cm处，在每条边均匀地标出37个点。在每个点上钉1颗钉子，4块画板做同样的处理。

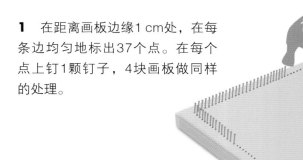

2 如图所示，将青绿色手缝线系在左上角左侧第2颗钉子（右图中左侧线头图）上，斜向上将手缝线绕到右侧对应的钉子上。依次向下缠绕，直至将左上侧对角方向的钉子全部缠绕住，再将手缝线末端系在右上角顶端的钉子上。将紫色手缝线系在右上角顶端的钉子上，然后向下缠绕到左下侧对角方向的对应钉子上。用同样的缠绕方式将紫色手缝线缠绕在接下来的10颗钉子上，并将手缝线末端系在第10颗钉子上。然后将绿色手缝线也系在这颗钉子上，向上缠绕到右上侧对角方向的对应钉子上，依次缠绕，直至右下角最后一对钉子，并将手缝线末端系在钉子上，将线头修剪整齐。

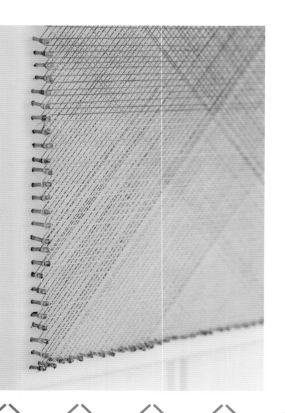

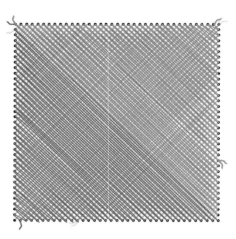

3 在第2幅画板上先重复步骤2中的缠绕方式。再以垂直于步骤2缠绕的手缝线的角度缠绕手缝线，即用青绿色手缝线从左下角处开始缠绕，并按照同样的换色方式，同步骤2一样改变手缝线颜色，最后在右上角处换成绿色手缝线。

4 在第3幅画板上重复步骤2、3中的缠绕方式，然后用手缝线沿垂直于边的方向缠绕，先将青绿色缝线系在左下角底部的第2颗钉子上，再向上缠绕在顶部对应的钉子上。然后将手缝线向下缠绕在左下角底部第3颗钉子上，再向上缠绕在顶部对应的钉子上，依次缠绕，直至缠绕住顶部16颗钉子，并将手缝线系在底部第18颗钉子上。同时，也将紫色手缝线系在这颗钉子上，以同样的方式缠绕住5颗钉子，并将手缝线系在底部第6颗钉子上。再将绿色手缝线也系在这颗钉子上，以同样的方式用绿色手缝线缠绕住剩余的钉子，并将手缝线系在最后一颗钉子上，线头修剪整齐。

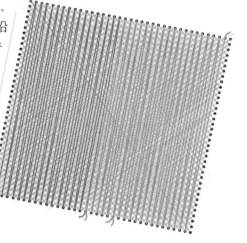

5 在最后一幅画板上重复步骤2~4中的缠绕方式，然后用手缝线沿和底边水平的方向缠绕。先将青绿色手缝线系在画板左下角左侧第2颗钉子上，再以同样的方式用青绿色手缝线缠绕钉子，同之前一样变换颜色，用绿色手缝线缠绕右上角的钉子，画板便完成了。

三角形图案废纸篓

用霓虹线在纸篓的上下边框缝出三角形图案，纸篓将焕然一新！
时尚又别致，日常使用的纸篓也可以变成一个美丽的收纳装饰品。

★ ★ ☆

所需材料

· 金属纸篓
· 毛线缝针
· 剪刀
· 霓虹绿色、青绿色、米色、霓虹粉色的毛线

1 每个三角形的边长均为15个网格的长度，且每两个三角形相隔两个网格的空隙。数一数纸篓上每一圈的网格数，然后除以17，理想的情况下，每一圈的网格数能平均分成4份，这样的话，每种颜色的三角形个数是一致的。为了使各种颜色的三角形个数一致，可根据需要适当调整相邻三角形之间相隔的网格数。

2 剪下1段霓虹绿色毛线，对折穿过针鼻儿。从纸篓顶部数起，从第3个网格开始缝针，缝1条长为15个孔的斜线。再在这个网格旁边缝1条14个孔的斜线，依次缝制，共缝14次，最后一针缝在2个相邻的网格之间。

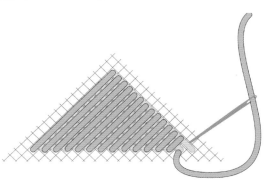

3 第1个三角形的最后一针缝完后，随即从这个网格开始，压住第1层线的表面，朝另一个方向开始缝针，以相同的方式缝14次。

温馨提示

你可能需要重新计算纸篓底部的周长，它比顶部的周长小，所以底部一圈的网格数会较顶部的少。

4 改用青绿色毛线，在第1个三角形的左边，隔2个网格的空隙（或者根据步骤1中的计算，选用适当的网格空隙），重复步骤2、3，交替使用绿色和青绿色毛线缝制三角形。

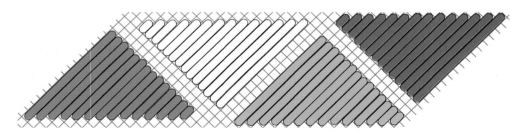

5 现在改用米色和霓虹粉色毛线，在绿色和青绿色毛线之间的空隙处缝制1个倒三角形。倒三角形应比第1个三角形高2个网格，同样，网格空隙的个数取决于步骤1中的计算。

6 重复缝制三角形，从纸篓底部开始向上数3个网格，缝出纸篓底部的三角形图案。

航海风镜框

哇，用绳子和花艺铁丝做一个航海风格的镜子，
放在浴室里或壁炉上，看起来会很棒！

★★☆

所需材料

· 10 m长的米色细绳

· 5 m长的粗花艺铁丝

· 胶枪

· 直径为30 cm的镜子

· 直径为27.5 cm的圆形毛毡

1 将米色细绳缠绕在花艺铁丝上，每隔一定距离用胶枪固定一下。

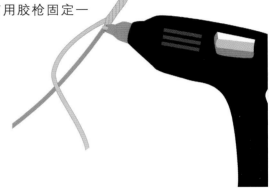

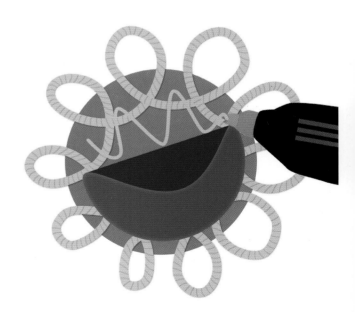

2 当细绳将铁丝全部包裹住后，再如图所示用铁丝绕出许多小圈，并调节成一个比镜子面积小的圆形，将铁丝两端拧在一起固定住。

3 将做成圆形的铁丝粘在镜子背面，再用圆形毛毡覆盖在上面。

彩条装饰木凳

在平淡无奇的木凳腿上缠上彩色毛线，给木凳增添些个性元素吧，
用来装饰孩子的卧室或学习区都可以。用这种方式的确可以将家里的零线变废为宝。

★ ☆ ☆

所需材料

· 双面胶
· 剪刀
· 组装式木凳
· 红色、青绿色、绿色、珊瑚色、米色、灰色的毛线
· 毛线缝针

1 在凳子腿的四周贴上双面胶。

2 将每条双面胶底部揭掉一小段隔离纸，再在上面系1根毛线。

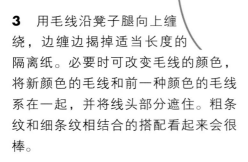

3 用毛线沿凳子腿向上缠绕，边缠边揭掉适当长度的隔离纸。必要时可改变毛线的颜色，将新颜色的毛线和前一种颜色的毛线系在一起，并将线头部分遮住。粗条纹和细条纹相结合的搭配看起来会很棒。

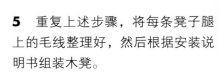

4 重复上述步骤，用毛线将其余的凳子腿也缠绕住。将顶端毛线固定在合适的位置，并用毛线遮住一点毛线接头。将所有的毛线线头修剪整齐。

5 重复上述步骤，将每条凳子腿上的毛线整理好，然后根据安装说明书组装木凳。

第二章

佩饰与珠宝

彩色装饰纽扣

用自制的纽扣装饰外套或毛衣，给原本单调的衣物增加亮点。
用风干的黏土制成纽扣，先涂上颜色，再缝上彩线，
会使饰有纽扣的衣物更加抢眼。

所需材料

· 风干的黏土
· 擀面杖
· 锋利的小刀，或者较小的
  饼干模具切割刀
· 牙签
· 丙烯颜料
· 画笔
· 多股棉线
· 针

1 取出1块风干的黏土，用擀面杖擀成4 mm的厚度，按照自己的想法，裁出纽扣的大小和形状。我在此处画了几种不同的形状，方形、圆形和花朵形状等。

2 用牙签在每个纽扣的中间钻出2~4个用来缝纽扣的小孔。

3 然后在纽扣的其余部分钻上小孔。这些孔是用来装饰的，决定你能缝出的图案。

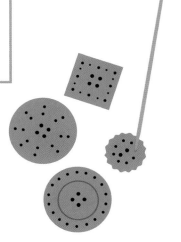

4 按照产品说明书将黏土烘干。将纽扣涂成不同的颜色——纽扣各个侧面都要涂色，并晾干。

5 用多股棉线在纽扣上缝出不同颜色的装饰图案。在缝的过程中，我用到了直针缝、回针缝和十字绣等多种针法（见第4页和第86页）。

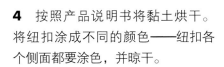

秘鲁螺纹耳环

用金属丝和缝线打造出俏皮、可爱的耳环。用不同颜色的丝线分层缠绕，营造出不同的色调和阴影效果。

所需材料

· 金属丝

· 3 mm的棒针

· 钢丝钳或旧剪刀

· 耳饰五金扣

· 浅绿色、浅粉色、品红色的手缝线

· 剪刀

1 在金属丝的一端留出较长一部分，然后紧紧缠绕在棒针上，缠绕长度为10 cm。

2 在金属丝的另一端留出15 cm的长度后剪断。将末端的金属丝从前端穿进金属圈里，再从末端穿出。小心地调整金属圈，不要压扁了，使顶部的2根金属丝相互交叉。

3 将两端拧在一起，然后穿过耳饰五金扣。将拧好的一端弯过来，拧到上面并固定在适当的位置。

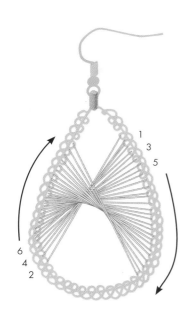

4 将浅绿色手缝线系在金属圈内靠近耳环顶部的金属丝上，如图所示，再将手缝线斜着绕成螺旋状。每次缠绕时都应将手缝线绕进下一个螺旋槽中。

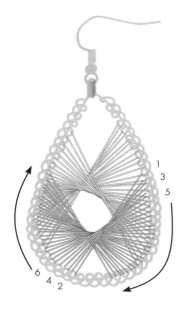

5 以同样的方式缠绕浅粉色手缝线。浅粉色手缝线同浅绿色手缝线底部会有交叉，按照图中所示的方式缠绕。

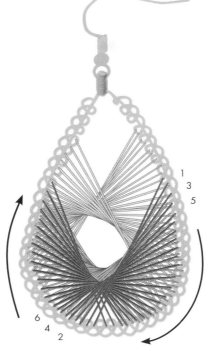

6 最后，添加品红色手缝线，按照图中所示的方式向耳环的底部缠绕。

7 把松散的手缝线穿进螺旋槽中加以整理。重复以上步骤，制作第2枚耳环。

小鸟胸针

啾！可爱的木制小鸟胸针，配上简单的绣线，
固定在外套或钱包上，看起来格外可爱。

★ ★ ★

所需材料

· 宽为5 cm的鸟状木板
· 白色丙烯颜料
· 画笔
· 钻头直径为2 mm的电钻
· 针
· 剪刀
· 青绿色、珊瑚色、浅紫色的
  绣线
· 胸针别针
· 胶枪

1 给鸟状木板的正面涂上白色丙烯颜料，并晾干。

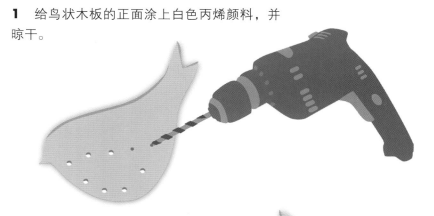

2 用电钻在木板上钻出小孔，形成鸟的胸部轮廓。

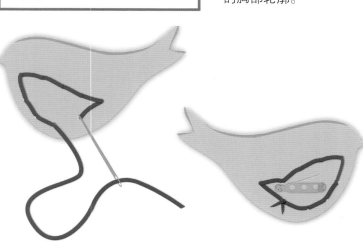

3 用青绿色绣线，以回针缝（见第4页）穿过小孔，缝出鸟的胸部轮廓。

4 将小鸟翻过来，在背面粘上别针。

5 在另两块鸟状木板上重复上述步骤：其中一块用珊瑚色绣线以相同的方式给小鸟缝出胸部轮廓，另一块用珊瑚色、浅紫色和青绿色的绣线，以直针缝（见第4页）朝不同角度缝线。

圆盘项链

用卡纸做成圆盘，再用不同颜色的缝线装饰圆盘，然后拼在毛毡垫上，再添上一根银链，一条非常时尚的项链就制成了。

所需材料

- 带有黄色波纹图案、粉色波纹图案、青绿色水玉图案、紫色水玉图案、浅蓝色水玉图案、灰色水玉图案的A5卡纸
- 剪刀、铅笔、圆规
- 灰色、紫色、芥末黄色、浅绿色、青绿色、粉色、翠绿色的手缝线
- 尺寸为20 cm×20 cm的浅蓝色毛毡
- 胶枪
- 80 cm长的银链
- 钢丝钳
- 4枚圆环
- 钳子
- 龙虾扣

1 从每张卡纸上剪下2个大圆盘（直径为4 cm）和4个小圆盘（直径为2.5 cm），共计36个。

2 在大圆盘的一周均匀地剪出32个小牙口，在小圆盘的一周均匀地剪出16个小牙口。每个牙口深1~2 mm。

3 选择与大圆盘撞色的手缝线，将其缠绕在圆盘的牙口上。将松散的手缝线系在圆盘背面，系紧后将线头修剪整齐。

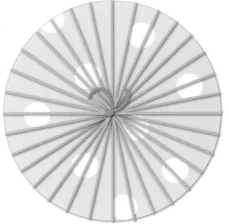

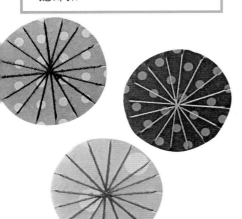

4 在其余圆盘上重复上述步骤。将做好的圆盘摆放到毛毡上，拼出一个美丽的图案。再将一些圆盘放在上面，一些放在下面，摆放出层次感。

5 用胶枪将圆盘粘在毛毡上，晾干，并将四周的毛毡修剪整齐，不露在圆盘外面。再将银链剪成长度相等的两段。

6 在毛毡两端合适位置各钻1个小孔，分别扣上1个可开合的圆环（见第5页）。将剪好的2条银链分别穿过圆环。

7 再用1个圆环将1条银链的两端连接起来，用龙虾扣扣住另外一条银链的两端，圆盘项链便做好了。

节日元素购物袋

在购物袋上缝出彩色骷髅头图案，加以装点。
骷髅头是墨西哥缅怀逝去亲人的一个节日里的流行元素。

所需材料

· 70 cm × 50 cm的黑色羊毛毡
· 卷尺
· 剪刀
· 30 cm × 25 cm的黏合衬
· 熨斗
· 缝珠针和10g黑色金属米珠
· 手缝针
· 黑色、粉色的手缝线
· 复印纸
· 铅笔
· 黄色、粉色、紫色、橙色、蓝色、青柠色的绣线
· 缝纫机
· 70 cm × 35 cm的粉色羊毛毡

1 从黑色羊毛毡上剪下2条70 cm × 6 cm的布条，作为手提带。再剪下1块70 cm × 35 cm的布，并在2条长边的中间位置剪下10 cm × 5.5 cm的长方形。

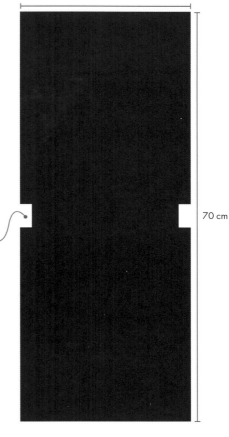

2 将长方形的黏合衬熨到手提袋一侧的背面，再将第111页的骷髅图案模板复印后粘在黏合衬上，并在每个标记点上缝上米珠。

3 从袋子背面起针，用黑色手缝线将米珠固定在袋子的正面。

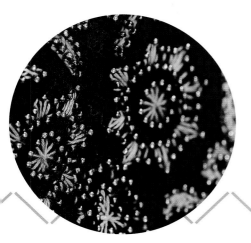

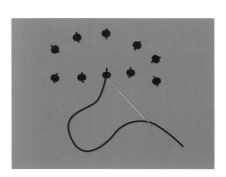

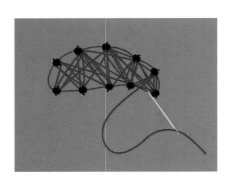

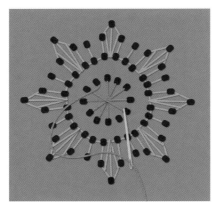

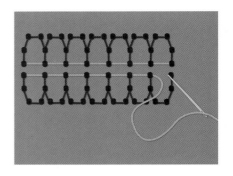

4 按照模板所示，用绣线填充截面部分：用绣线穿入米珠，勾勒出图案轮廓，再在各米珠之间任意缝线。

5 如图所示，用青柠色绣线在外圈米珠之间以直针缝（见第4页）缝出眼睛形状，再用橙色绣线连接内圈中心对称的各组米珠，缝出内部轮廓。

6 先用紫色绣线，然后再用青柠色绣线，以直针缝缝出嘴巴形状，且绣线每次都穿过米珠。按照图片和模板的指导，完成其余部分的制作。

7 将70 cm×6 cm的手提带横向对折并按压，然后展开，将两侧的毛边向中间折线方向折约9mm，再将折起的部分向内对折，之后缝合两条毛边。重复上述步骤，制作第2根手提带。

8 将最大块的黑色羊毛毡正面相对对折，沿边缝线直至剪出的小长方形上方5 mm处，留出5 mm的缝份，按压缝份。

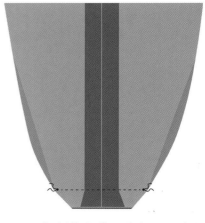

9 要想制作出袋子底部，需先如图所示折叠，令其中一条缝份从中心垂直向下，裁出的小长方形沿水平方向压平。另一边同样处理。将袋子翻至正面，顶部一圈向内折叠约1.5 cm。

10 如步骤1所示，从粉色羊毛毡侧边的中部剪下1个长方形布块。重复步骤8、9，制成内衬，这次留出9 mm的缝份，但不用翻到正面。将内衬和黑色羊毛毡正面相对，两边对齐。

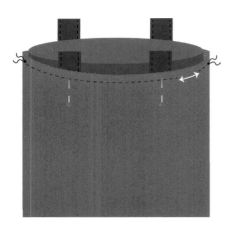

11 拿1根手提带，插进袋子里，夹在内外层之间，将手提带的两端从两个侧缝露出约10 cm的长度。以同样的方式处理另一侧的手提带。

12 沿顶部缝合1周，但要留下1个约为10 cm的返口。从返口处将袋子翻过来，在距离顶部边缘3 mm处用明线缝合1周，整理好，购物袋便制作完成了。

霓虹项链

用线绳缠绕出形状复杂的圆圈，拼成一条非常炫酷的霓虹项链吧！
如果没有编结板，可以用软木板或插针板代替。

★ ★ ★

所需材料

· 2张卡纸
· 圆规
· 剪刀
· 编结板
· 大头针
· 橙色、绿色、粉色、黄色的彩
  色手缝线
· 手工胶
· 画笔
· 可开合的圆环
· 钳子
· 2条各长30 cm的链子
· 龙虾扣

1 要想做出橙色、绿色相间的图案，先从卡纸上剪下1个直径为4 cm的圆形纸板，放在编结板上，沿圆周均匀固定32颗大头针，再将圆形纸板移走。

2 用橙色手缝线按照图中数字的顺序在大头针上缠绕。重复上述步骤，在大头针上缠绕2遍，做出星星形状。

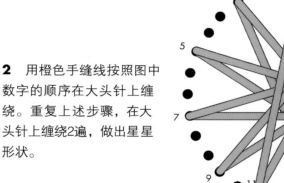

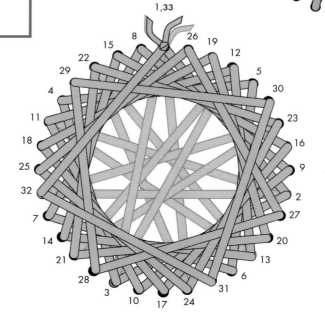

3 按照图中数字的顺序，用绿色手缝线在大头针上缠绕。

4 将缠绕好的线绳图案浸泡在稀释后的手工胶中，然后取出。待完全晾干后，再从编结板上取下。

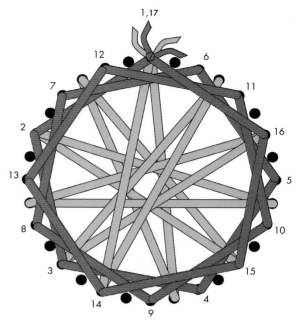

5 要做出粉色、黄色相间的图案，先重复步骤1，然后按照步骤2用粉色手缝线进行缠绕。最后，用黄色手缝线按照图中数字的顺序绕出上面一层的形状，重复步骤4，图案便完成了。

6 要做出粉色、绿色相间的图案，先重复步骤1，然后按照步骤2用绿色手缝线进行缠绕。最后，按照图中数字的顺序，用粉色手缝线做成上面一层的圆形，重复步骤4，图案便完成了。

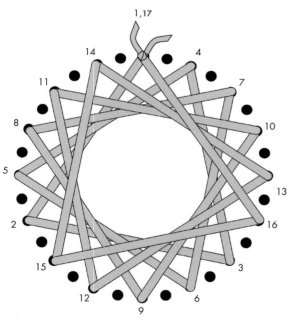

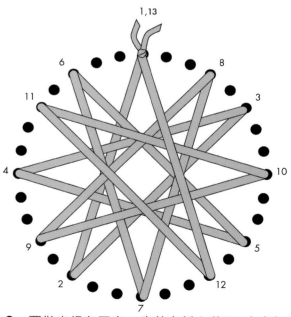

7 要做出黄色图案，先从卡纸上剪下1个直径为6 cm的圆形纸板，放在编结板上，沿圆周均匀固定32颗大头针，再将圆形纸板移走。按照图中数字的顺序，用黄色手缝线缠绕，重复2次，使每颗大头针上绕有3根手缝线，令结构更加牢固。重复步骤4，该图案便完成了。

8 要做出绿色图案，先从卡纸上剪下1个直径为7 cm的圆形纸板，放在编结板上，沿圆周均匀固定32颗大头针，再将圆形纸板移走。按照图中数字的顺序，用绿色手缝线缠绕，重复2次，使每颗大头针上绕有3根手缝线，令结构更加牢固。重复步骤4，该图案便完成了。

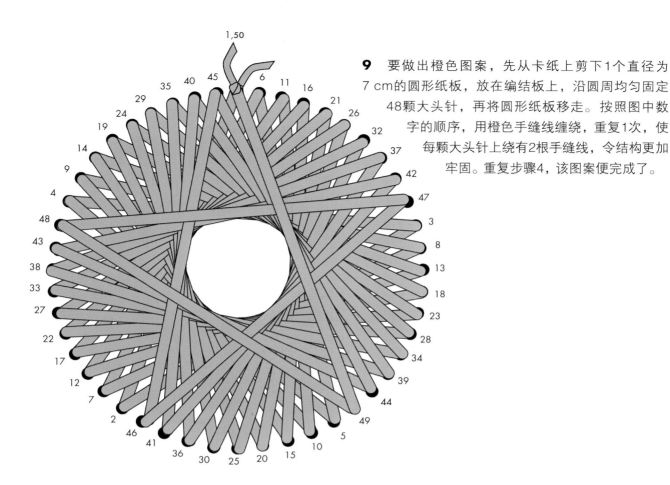

9 要做出橙色图案，先从卡纸上剪下1个直径为7 cm的圆形纸板，放在编结板上，沿圆周均匀固定48颗大头针，再将圆形纸板移走。按照图中数字的顺序，用橙色手缝线缠绕，重复1次，使每颗大头针上绕有2根手缝线，令结构更加牢固。重复步骤4，该图案便完成了。

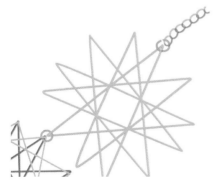

10 将做好的圆形图案摆放得好看些，并在合适的地方用圆环（见第5页）连接起来。在固定好的图案两端用圆环各扣住1条链子，再在其中一条链子的末端加1个龙虾扣，在另一条链子末端加1个圆环，连接完成。

菠萝钱包

菠萝图案现在很受欢迎，有了这个钱包，你也可以成为人群中的焦点！
这个包包非常适合在假期和阳光晴好的时候背上出门，它也是我夏日的最爱。

所需材料

· 50 cm × 140 cm的芥末黄色亚麻布
· 剪刀
· 50 cm长的绿色亚麻布
· 50 m长的网眼布
· 边长为30 cm的方形黏合衬
· 缝纫机
· 绿色、深绿色、芥末黄色的手缝线
· 手缝针
· 深绿色、石灰绿色的绣线
· 20颗方头钉
· 25 cm长的黄色拉链
· 熨斗

1 从芥末黄色亚麻布上剪下1条6 cm × 140 cm的带子，然后再用第112、113页上的模板，从芥末黄色亚麻布、绿色亚麻布、网眼布和黏合衬上各剪下1个侧片、2片拉链布条和2个包身主体，再从绿色亚麻布上剪下14片叶子。

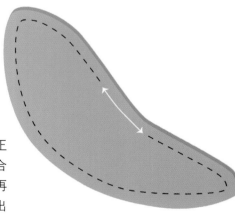

2 先将2片绿色亚麻布叶子的正面相对对齐，然后用缝纫机缝合边缘，但要留出5 mm的缝份，再留出返口，方便将叶子的正面翻出来。

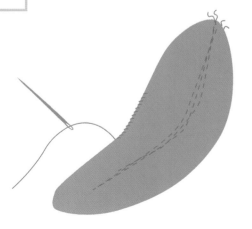

3 叶子翻过来后，用藏针缝缝合返口。在缝纫机上用绿色手缝线以直针缝缝出1条中间的叶脉。重复步骤2、3，再制作6片叶子。

温馨提示

如果芥末黄色布料长度不足
140 cm，可以添加2条或更
多的布条制作包带。

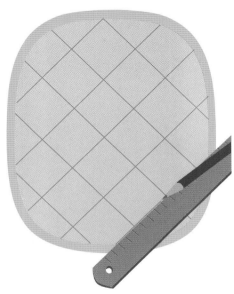

4 将黏合衬熨到芥末黄色亚麻布
侧片、拉链布条和包身主体的背
面，将布分层放置。在每块布的正
面上方铺1层网眼布，疏缝固定。
从2块包身主体中任意取出1块，在
背面画上斜线。

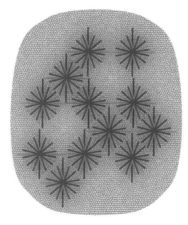

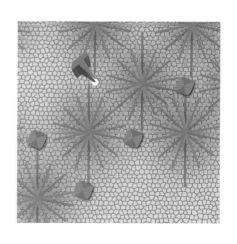

5 用石灰绿色和深绿色的绣线，以直针缝（见第4页）在包包正面缝几个菱形图案，从中心向外呈放射状。

6 重复上述步骤，在包身主体上随意缝制菱形图案，形成菠萝的纹理。

7 在菱形图案的一些角上将方头钉的尖头推入包身主体中，在反面固定。

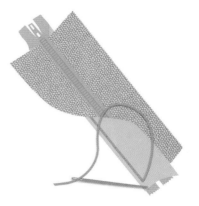

8 在拉链布条背面熨上一段较长的黏合衬，边缘留出1 cm重叠长度，其余部分折向拉链齿方向。再沿着折线缝针，然后把折住的布展开，正面朝上。以同样的方式处理拉链的另一边，这样两边布条上的缝线都遮住了。

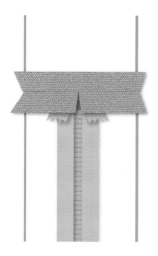

9 将拉链的一端与侧片的一端正面相对，用线缝合，但要留1个5 mm的缝份，按压展开。

10 确保拉链位于正面上方边缘的中心，和包身主体前片正面相对缝合。

11 使侧片和拉链的另一端连接起来，用线缝上，制作1个完整的圆。将包身主体后片和侧片、拉链的另一边缝合起来。

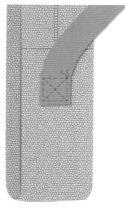

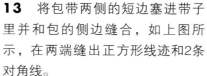

12 将包带沿长边对折并按压，然后展开，将两侧的毛边向中间折线方向折9 mm，再次沿长边对折，并用缝纫机沿2条长边缝合固定。

13 将包带两侧的短边塞进带子里并和包的侧边缝合，如上图所示，在两端缝出正方形线迹和2条对角线。

14 将步骤2、3中做好的叶子摆放在包身主体前片的上部，按照图中的顺序分层放置，然后用绿色手缝线将叶子缝在菠萝钱包上。

15 在拉链绿色的一边，在背面熨上1段较长的黏合衬，并和之前一样，留出1 cm重叠长度。把折住的边缘轻轻展开，将拉链的一端与侧片的一端连接起来，用线缝住，但要留1个5 mm缝份，按压展开。用绿色亚麻布重复步骤10、11，但不用拉链，以便袋子内衬留1个扁口。

16 把包包外层的正面翻出来，但把内衬的反面留在外面。把内衬放在芥末黄色包包里面，将扁口的边缝在拉链下面，这样所有的毛边都遮住了。

第三章
巧妙的礼物

手缝笔记本

这些手缝的图案可以给简约的笔记本增添个性。
要么在"画布"上缝出V字形图案，要么"画"一幅画，就像图中的蒲公英一样。

所需材料

- A6和A5的笔记本
- 铅笔
- 描图纸
- 钻头直径为1 mm的电钻
- 针
- 剪刀
- 米色、棕色、柠檬绿色的多股棉线
- 尺子
- 青绿色、暗粉色、黄色、红褐色、浅紫色、柠檬绿色的多股棉线

蒲公英

1 将第113页的模板描到A6笔记本的封面上。

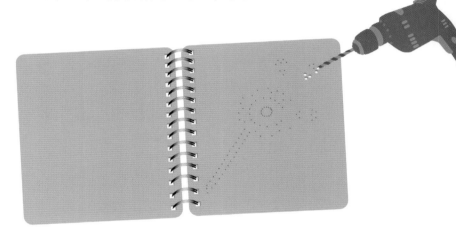

2 在封面做上标记的地方用电钻钻出小孔。

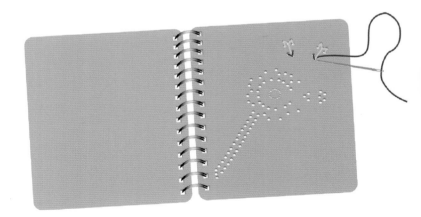

3 将米色、棕色和柠檬绿色3种颜色的棉线分别分成2股，再按照上图的标记缝出这个图案。

V字形

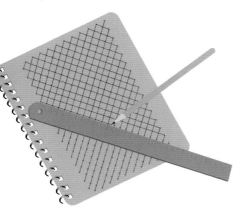

1 用尺子和铅笔在A5笔记本的封面画上对角网格，每个网格的长度约为8 mm。

2 在每2条线的交叉点钻出小孔。

3 用青绿色、暗粉色、黄色、红褐色、浅紫色、柠檬绿色等各种颜色的多股棉线，沿横向和纵向用直针缝和回针缝（见第4页）缝出V字形图案。按照上图的标记，或按照自己的想法，设计并缝出图案均可。

线绕字母

用颜色鲜艳的零线缠绕装饰的字母堪称完美的礼物，非常适合用来装饰孩子的卧室，或摆放在家中各处，也是一种充分利用零碎物品、使自家空间个性化的绝佳方式。

★ ☆ ☆

所需材料

· 深灰色、浅灰色、粉色、青柠色的零线
· 剪刀
· 26 cm高的字母
· 胶枪
· 30 cmx25 cm的灰色羊毛毡
· 钢笔

1 先将零线剪成长度约为10 cm的线段，用来遮住字母短边。在字母的顶部、底部和曲面内侧用深灰色零线粘贴，上面一横的底面和曲面末端的上方用浅灰色零线粘贴。

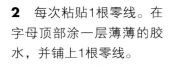

2 每次粘贴1根零线。在字母顶部涂一层薄薄的胶水，并铺上1根零线。

3 重复上述步骤，直至字母顶部铺满零线。

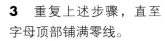

4 在字母曲面的底部、内侧和末端上方、字母上面一横的底面以同样的方式处理。

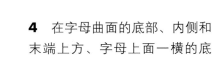

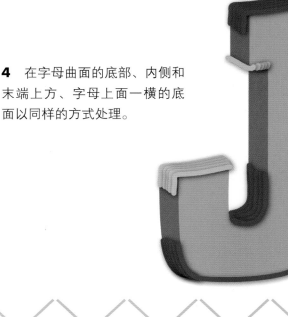

5 处理字母主干部分时，要缠绕上不同颜色的零线。只在一种颜色的零线起点和终点处涂上胶水，固定住。

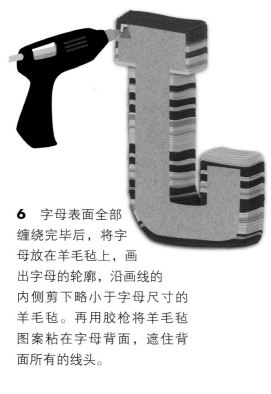

6 字母表面全部缠绕完毕后，将字母放在羊毛毡上，画出字母的轮廓，沿画线的内侧剪下略小于字母尺寸的羊毛毡。再用胶枪将羊毛毡图案粘在字母背面，遮住背面所有的线头。

刺绣复古明信片

从当地的二手商店和复古集市搜寻老式明信片，
然后用彩色缝线缝出几何图案装饰，再装裱到简约的相框里，
做成精美的礼物，不管是送人还是挂在自家墙上均可。

★★☆

菱形图案

所需材料

· 老式明信片
· 尺子
· 剪刀
· 描图纸
· 铅笔
· 大头针
· 橙色、绿色、粉色的手缝线
· 手缝针
· 白色相框

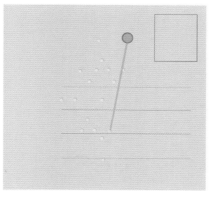

1 按照上图所示，在明信片的背面做上标记，然后用大头针或手缝针扎出小孔。

2 用双股橙色手缝线，按照图案用回针缝（见第4页）缝出轮廓。

方形图案

按照左图所示，在第2张明信片上同样扎出上述图案的小孔，再用绿色手缝线在明信片上以回针缝缝出轮廓。

圆形图案

1 按照图中所示，在明信片上画出1个直径为7.5 cm的圆，并用大头针沿圆周均匀地扎上70个小孔，分别在两个半圆的圆周标上数字1~35。

2 在第1个半圆上，用粉色手缝线在数字2和3之间缝上1针，再在数字3和5之间缝上1针，然后在数字4和7之间缝上1针。按照这一顺序，使每两针之间的间隔总比上一针增加1个孔的距离，由此缝出1个美丽的曲线球。

3 重复上述步骤，直至最后一针缝在两个数字1之间。

4 再从另一个半圆的序号1开始，先后在数字1和2、2和4、4和6之间缝上1针，直至31和27，最后缝出2个对应的曲线球。

闪亮的花朵

用线绳缠绕卡纸，然后将卡纸分层放置并用线绳缠紧，
一朵漂亮的纸花便做成了。无论是放在孩子的卧室还是放在办公室，
看起来都非常可爱。

所需材料

· 银色、金色、绿色、蓝色、粉
 色的闪粉卡纸
· 铅笔
· 剪刀
· 灰色、芥末黄色、粉色、蓝
 色、绿色的棉线
· 大号珠针
· 开口销
· 200 cm线绳

1 根据第114页的模板，用不
同颜色的卡纸剪出以上形状，
每种形状各剪1个。

2 拿出1个用卡纸剪出的花心，用不同颜色的
棉线沿中心交替缠绕5圈，再用另一种颜色的棉
线按照同样的方式缠绕5圈。

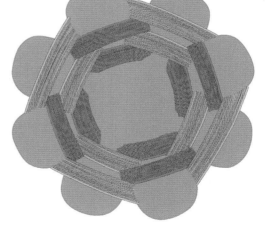

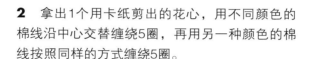

3 在用冷色调卡纸剪出的球状花上，用不同颜色的
棉线沿中心交替缠绕约25圈。然后再用一种与卡纸颜
色相近的棉线沿中心交替缠绕约25圈，将花瓣压平。

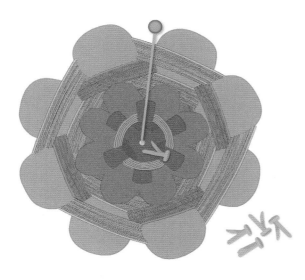

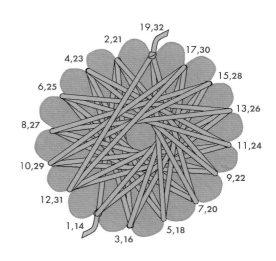

4 将制成的不同颜色、凹凸不平的花和步骤2中制成的花心分层放置，用大号珠针在中心扎1个小孔，然后再用开口销将其固定在一起。

5 要制作第2种花，需要先拿1朵中等大小的花，再用不同颜色的棉线按照图中数字的顺序缠绕。

6 在另一种冷色调卡纸剪出的大花上，用两种与卡纸颜色不同的棉线沿中心交替缠绕5圈。将大花、步骤5中制成的小花以及不同颜色的三叶花心分层放置，用大号珠针在中心扎1个小孔，然后再用开口销将其固定在一起。

7 重复上述步骤，制作10朵花，每种形状各做5朵。用线绳将花朵穿起来，不同形状的花朵交替排列，并用线绳在开口销背面打结。

水果图案杯垫

送朋友一些水果图案的软木杯垫吧，点缀一下他们的餐桌。
用十字绣绣出这些图案，看上去简直"绣"色可餐！

所需材料

· 4个圆形的软木杯垫
· 尺子
· 铅笔
· 针
· 剪刀
· 紫色、米色、黄色、橙色、蓝绿色、珊瑚色、翠绿色、黑色、浅黄色、绿色、棕色的绣线

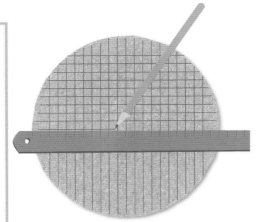

1 在每个杯垫的背面画出18行、18列的网格。

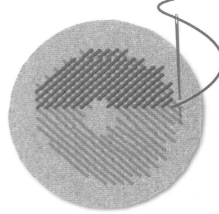

2 按照第114、115页的模板缝出图案，在每个网格内绣十字。先沿一个方向绣出所有的斜线，然后再绣相反的方向的斜线，完成十字图案。

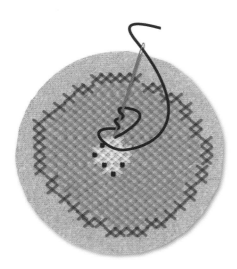

3 在猕猴桃图案上，用棕色绣线以法式结（见第5页）缝出里面的籽。

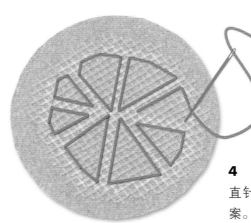

4 在橙子图案上，用橙色绣线以直针缝（见第4页）缝出三角形图案。

手工贺卡

在贺卡上缝上图案，就有了一种别样的韵味和独特的个人风格。
庆祝生日或要表达对朋友的感谢或关爱时，这些复古的贺卡是绝佳的礼物。

所需材料

· 扫描仪和打印机
· 尺寸为29 cm × 21 cm的卡纸
· C5信封
· 蓝绿色、黄色、粉色、橙色、橄榄绿色、柠檬绿色的多股棉线
· 针
· 剪刀

1　将第116、117页的图案复制到卡纸上，并打印出来，确保图案印在卡纸正面的右侧正中间。

2　将每张卡纸对折，印有图案的一面作为正面。用1~3股棉线缝制卡片。可根据你想要的效果确定棉线的股数。

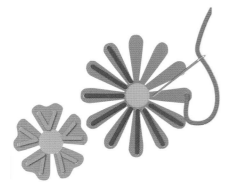

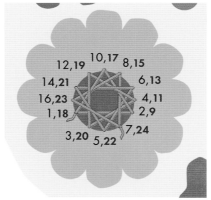

3　在小小的五瓣花的花瓣上，用与图案颜色不同的棉线以直针缝（见第4页）从中心向外缝出V字形。在大些的雏菊花瓣上，用与图案颜色不同的棉线缝长直针。

4　在大些的纯色花的花心上，按照图中数字的顺序，用与图案颜色不同的棉线缝针。

5　最后用与图案颜色相近的棉线，穿过心形图案的中心，缝出长直针。

心形图案

用橄榄绿色棉线以平针缝（见第4页）缝出图案轮廓。

房屋图案

用蓝绿色棉线缝出屋顶三角形瓦片的轮廓，用柠檬绿色棉线以回针缝（见第4页）缝出窗户的轮廓，再用蓝绿色棉线缝出窗户玻璃的轮廓，用橄榄绿色棉线勾勒出门上窗户的轮廓。

广口瓶图案

用橄榄绿色、粉色和蓝绿色棉线勾勒出瓶身上的三角形轮廓，最后再缝出花朵，完成瓶中的插花。

蛋糕图案

用粉色和黄色的棉线以平针缝缝出盘子的轮廓，用蓝绿色棉线以回针缝缝出糖霜和蜡烛的轮廓，最后缝出花朵。

温馨提示

为了令成品干净、整洁，你可以在封面内侧粘上一张纸，将内侧的线迹遮住。

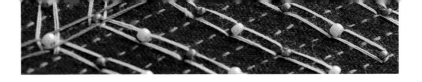

箭头图案抱枕

这款以箭头为主题的抱枕可以为沙发增添时尚感。
箭头图案是缝上去的而非缠绕而成的，但效果很相似。

所需材料

· 尺寸为130 cm × 50 cm的酒红
  色条纹羊毛毡
· 水消笔
· 135颗仿珍珠
· 120颗铜珠
· 手缝针
· 手缝线
· 剪刀
· 酒红色、蓝绿色、水绿色、芥
  末黄色的绣线
· 缝纫机
· 40 cm × 40 cm的枕芯

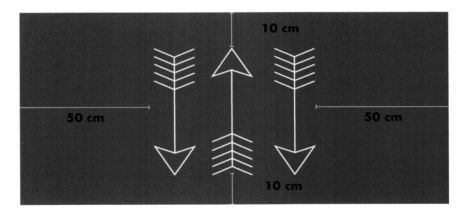

1　用第118页的模板，在羊毛毡上标出箭头的位置，再用水消笔画出图案。

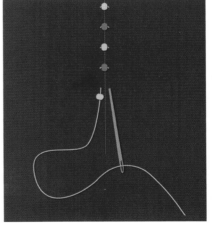

2　用手缝线沿箭头方向在每条线上每隔1 cm缝1颗珠子，仿珍珠和铜珠交替使用。

3 再用绣线在珠子两边以直线缝（见第4页）缝上2条平行线，使珠子看起来像用线绳缠绕着一样。缝第1针时沿两颗珠子的同一侧，然后从织物背面穿到第2颗珠子的另一侧，一直缝到末端的珠子处，再从另一个方向以同样的方式将珠子之间的间隔填充完整，手缝线从同一个孔中出入，让它们能连在一起。缝线时，箭头部分用芥末黄色绣线，箭杆部分用蓝绿色绣线，箭尾的翎毛部分用水绿色绣线。

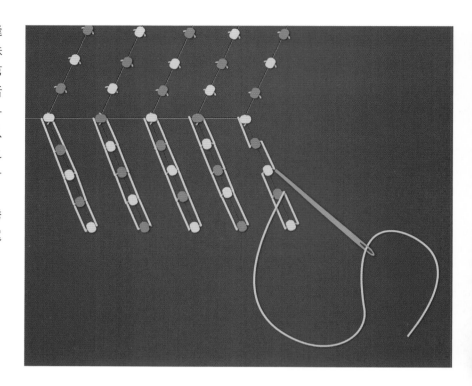

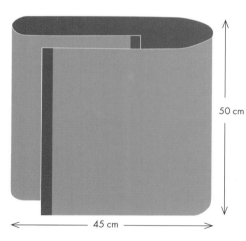

4 将羊毛毡的两个短边向背面折2次，再用酒红色缝线机缝即可。

5 将羊毛毡正面朝上折叠，使其形成1个45 cm×50 cm大小的信封样式。

6 将两个开口边缝住，并各留出2.5 cm的缝份。将正面翻出来，并塞入枕芯。

线绳装饰花瓶

用线绳装饰旧瓶子将其打造成时尚的花瓶，
用来摆放在聚会或婚礼时的餐桌上，也是种不错的选择。

所需材料

· 玻璃瓶

· 红色、米色、灰色的毛线

· 胶枪

· 剪刀

· 毛线缝针

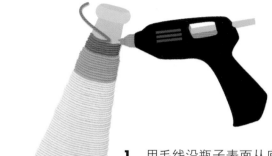

1 用毛线沿瓶子表面从底部向上缠绕，每种颜色的毛线线头用胶水固定住。

3 重复上述步骤，交替使用不同颜色的毛线纵向穿过缠绕好的毛线，形成条纹形状。

4 用胶水将瓶子底部的毛线线头粘在瓶底，并将瓶口的线头修剪整齐。

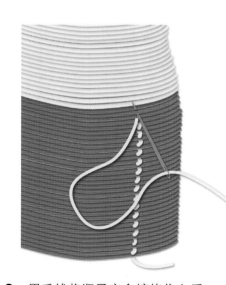

2 用毛线将瓶子完全缠绕住之后，剪下一段，纵向穿过缠绕好的毛线。

心形陶瓷饰品

这些心形陶瓷饰品无论是作为节日礼物，
还是作为家里的装饰，都很精致，还能和孩子一起做，享受手工的乐趣。

所需材料

- 烘制黏土
- 擀面杖
- 心形和圆形模具
- 牙签
- 叉子
- 水绿色、翠绿色、深绿色、
  焦橙色、桃红色、浅粉色、
  中粉色、深粉色的绣线
- 针
- 长度为25 cm的水绿色丝带、
  桃红色格纹丝带、粉色条纹
  丝带

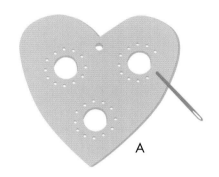

1 将黏土擀成5 mm厚，然后切出3个心形。在靠近每个心形的顶部钻1个小孔，以便系上丝带。用圆形模具在心形A和C上钻出3个孔，只从心形B靠近下方处钻1个孔。用牙签在心形A的每个大孔周围钻出12个间隔均匀的小孔。

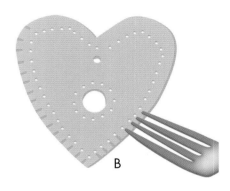

2 用牙签在心形B的大孔周围钻出12个间隔均匀的小孔，再在四周钻出46个间隔均匀的小孔，并用叉子尖头在心形四周添上纹理。

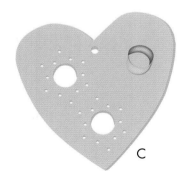

3 如图所示，在心形C的每个大孔周围钻出16个小孔，按星星图案排列。根据使用说明烘烤心形黏土，然后冷却。

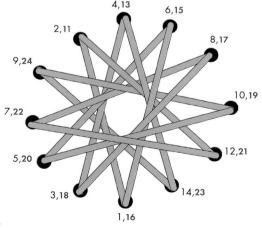

4 按照左图数字的顺序，用水绿色绣线在心形A左上角的孔上缝线。再以同样的方式，分别用翠绿色和深绿色绣线在另外两个孔处缝线。将水绿色丝带穿过心形A顶部的小孔并打结，形成1个用以悬挂的环。

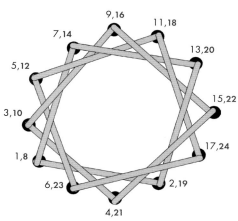

9,16   11,18

7,14

13,20

5,12

15,22

3,10

17,24

1,8

2,19

6,23

4,21

5 按照上图中数字的顺序，用桃红色绣线在心形B的小孔处缝线，再用焦橙色绣线沿心形B的边缘缝线，在每个小孔处缝2次，形成V字形。再按照步骤4的方式，用桃红色格纹丝带系1个用以悬挂的环。

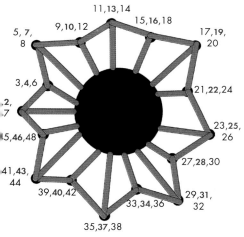

11,13,14

9,10,12   15,16,18

5,7,8   17,19,20

3,4,6   21,22,24

2,7   23,25,26

45,46,48   27,28,30

41,43,44   29,31,32

39,40,42

33,34,36

35,37,38

6 最后，按照图中数字的顺序，用浅粉色绣线在心形C的左上角的孔上缝线，再以同样的方式，分别用中粉色和深粉色绣线在另外2个孔处缝线，然后用粉色条纹丝带系1个用以悬挂的环。

几何图案小标签

用这些手工缝制的几何图案小标签给要送的礼物增添亮点吧！
用卡纸和绣线制作标签非常方便，不会花费过多时间。

所需材料

· 蓝绿色、浅紫色、绿色、
  紫色、浅蓝色或浅绿色的
  卡纸
· 描图纸
· 铅笔
· 剪刀或美工刀
· 手缝针
· 紫色、翠绿色、浅紫色、
  蓝色、珊瑚色的绣线
· 打孔器
· 长度为25 cm的绿色、蓝
  色、粉色的绳子

1 用第120页的模板，将图案描到卡纸上并剪出。沿中间虚线画线，并在卡纸上描出模板上针孔的位置。

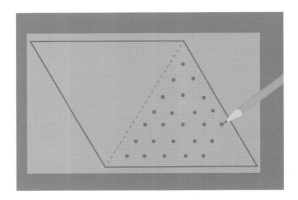

2 用针扎出图形右下方的针孔。

三角形图案

1 按照图中所示的顺序，先后用紫色、翠绿色、浅紫色的绣线，以回针缝（见第4页）绣出该图案，每种颜色的绣线都分别缝成和其中一条边平行的直线。

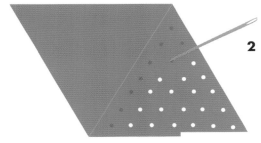

2 用打孔器在礼物标签的背面打个孔，将1段12.5 cm长的绿色绳子对折，穿过打好的孔，再将绳子的末端从线圈中穿过，并打好结。

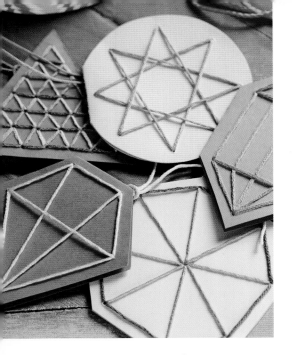

圆形图案

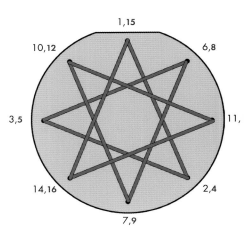

1 将蓝色绣线的末端打结，并把手缝针向上穿过1处，再按照图中数字的顺序缝。每缝一针都要穿到卡片的背面。

2 像三角形图案一样，在卡片上添1个挂耳，然后将另一段绿色绳子系在卡片上。

六边形图案

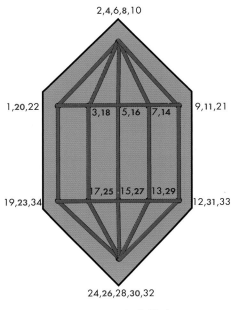

1 仿照圆形图案中的步骤1，用珊瑚色绣线缝出上图中的图案。

2 像三角形图案一样，在卡片上添1个挂耳，用1段12.5 cm长的蓝色绳子系在卡片上。

八边形图案

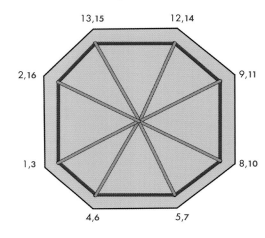

1 仿照圆形图案中的步骤1，用紫色绣线缝出右图中的图案。再用翠绿色绣线依次从八边形中心向各角缝。

2 像三角形图案一样，在卡片上添1个挂耳，再用1段蓝色绳子系在卡片上。

五边形图案

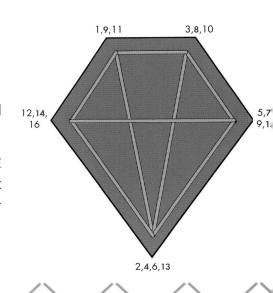

1 仿照圆形图案中的步骤1，用浅紫色绣线缝出右图中的图案。

2 像三角形图案一样，在卡片上添1个挂耳，再用1段12.5cm长的粉色绳子系在卡片上。

手缝礼物盒

美丽的手缝礼物盒，是理想的馈赠佳品，也可以用来保存自己的贵重物品。

我在此处用的是纯色纸盒，用彩色纸盒制作看起来会更加惊艳。

心形纸盒

1　在纸盒盖子的中央画1个心形，用手缝针在心形周围扎18个间隔均匀的小孔，再在盖子侧边靠近盒盖边缘的地方扎36个间隔均匀的小孔。

2　取红色绣线对折，在末端打结，用手缝针从盖子内侧心形顶部的小孔穿出，依次缝向盒子边缘的小孔，直至能清楚呈现中心空白的心形。继续缝合，直至达到自己满意的效果。

方形纸盒

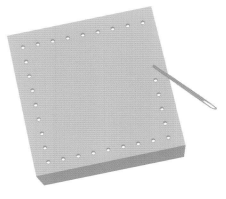

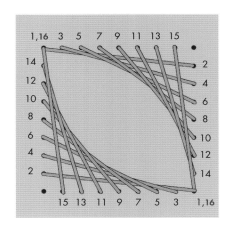

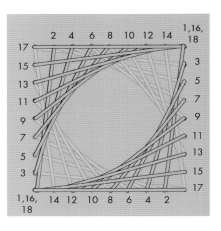

1 在盖子边缘的内侧画1个正方形，用手缝针先在正方形的各角扎1个小孔，再在每条边上扎出7个间隔均匀的小孔。

2 取绿色绣线对折，在末端打结，用手缝针从盖子内侧穿出，按照图中数字的顺序将两处缝完。

3 然后用青绿色绣线，以同样的方式对折，按照图中数字的顺序缝完第2层的两处。

圆形纸盒

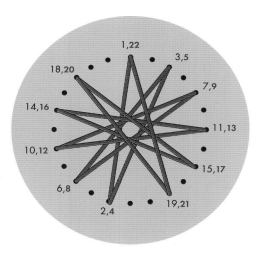

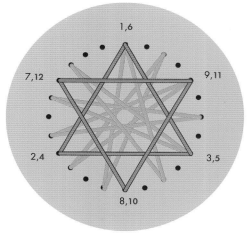

2 再用红色绣线，按照图中数字的顺序缝出星星图案。

1 在盖子上画1个略小于盖子的圆，在圆周上扎出24个小孔。取紫色绣线对折，在末端打结，将手缝针穿过盖子内侧，按照图中数字的顺序缝出上图中的图案。

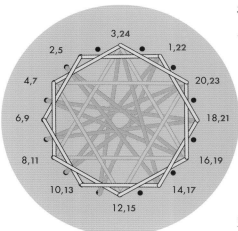

3 按照图中数字的顺序，用浅绿色绣线绣出上层的图案。

4 用青绿色绣线以回针缝（见第4页）沿圆周填充完整，图案便缝制完成了。

木制钥匙扣挂件

用这些迷你木制钥匙扣挂件展示你的线绳技巧吧！
用彩色线绳穿过木头上的小孔，打造出与众不同的效果。

所需材料

· 描图纸
· 铅笔
· 3块直径约为6 cm的木板
· 夹子
· 钻头直径为1.75 mm的电钻
· 钻头直径为3 mm的电钻
· 手缝针
· 紫色、橙色、青绿色、蓝绿色
  的成股绣线
· 剪刀
· 3枚可开合圆环

1 用第119页的模板，在每块木板上描1个图案。用小钻头在木板上钻出小孔，再用大钻头在每块木板顶部边缘钻1个大孔。

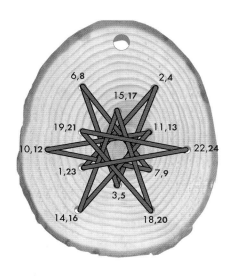

2 要缝出紫色星星图案，需要用6股紫色绣线。将绣线末端打结，从背面穿进孔1，然后按照图中数字的顺序缝线。

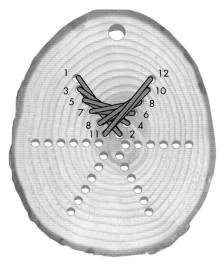

3 要缝出彩色星星图案，需要用2股单色绣线。先将橙色绣线末端打结，从背面穿进孔1，然后按照图中数字的顺序缝线。再分别用青绿色和紫色绣线以同样的方式在另两处缝线。最后按照相同的颜色顺序，在另外三处缝线，彩色星星图案便完成了。

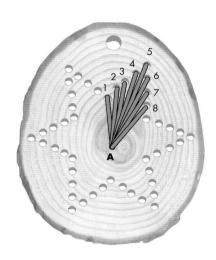

4　要缝出最后1个星星图案，需要用
单股青绿色绣线。将绣线末端打结，
从背面穿进孔A，再按照图中数字的
顺序从中心向外缝，每次还要回到孔
A。星星图案的各部分缝好之后，再
用蓝绿色绣线以回针缝（见第4页）
沿轮廓线缝1周。

5　将可开合圆环穿入每个木板顶部
的大孔中，木制钥匙扣挂件便完成
了。

温馨提示

用电钻钻孔时，可以用夹子
牢牢地夹住木板，这样钻孔
的时候木板就不会移动了。

模板

以下模板大多数都是按原尺寸印制的，可直接使用；有些模板的尺寸缩小了一半，这就意味着，使用时要用复印机扩大200%或400%；某些作品可能需要使用描图纸将模板描出。描图之前，先在模板上放一张描图纸，并用遮蔽胶带将模板和描图纸固定住。先用2H铅笔描出线条或圆点，然后将描图纸翻过来，再用HB铅笔在背面描出图案。再将描图纸翻过来，放在你选择的物体上。用2H铅笔仔细检查图案，然后取下描图纸，就描出了清晰的轮廓。

猫头鹰绕线画 第11页
扩大200%使用

浮木羽毛 第8页
原尺寸

几何图案灯罩 第14页
扩大400%使用

捕梦网 第30页
原尺寸

瓶中之花 第33页
原尺寸

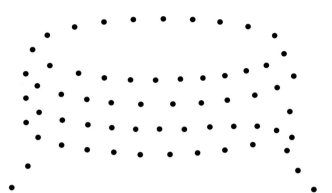

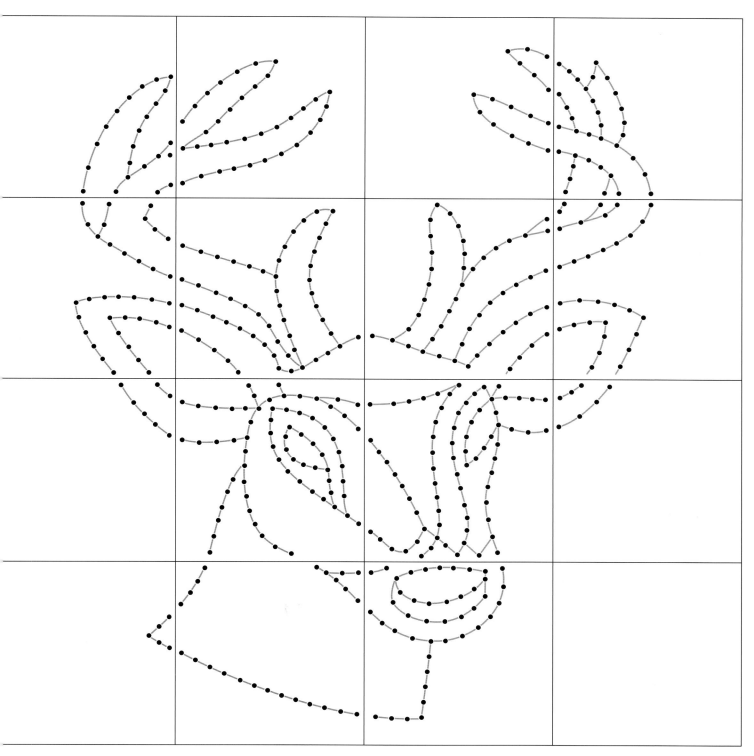

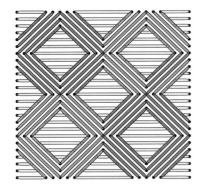

餐垫局部，扩大200%使用

杯垫和餐垫局部，原尺寸

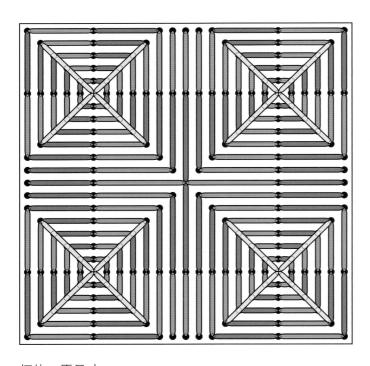

杯垫，原尺寸

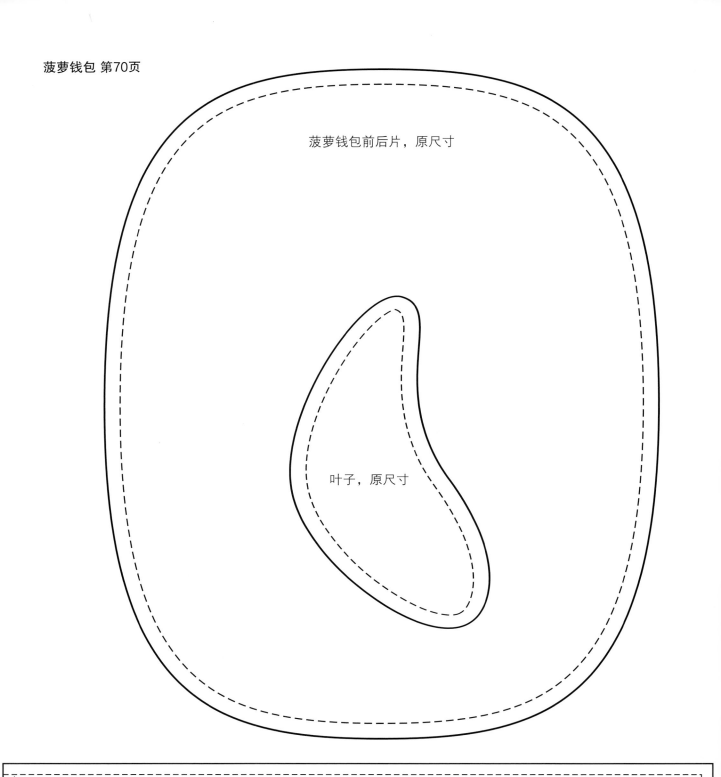

菠萝钱包 第70页

菠萝钱包前后片，原尺寸

叶子，原尺寸

拉链布条，原尺寸

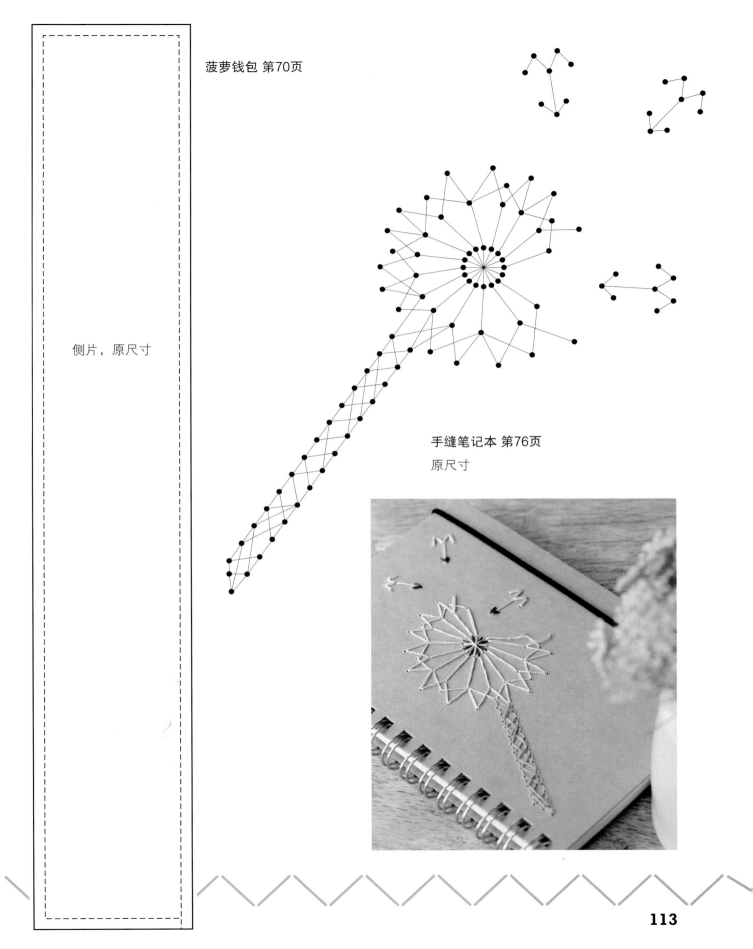

侧片，原尺寸

菠萝钱包 第70页

手缝笔记本 第76页

原尺寸

闪亮的花朵 第83页

原尺寸

水果图案杯垫 第86页

原尺寸

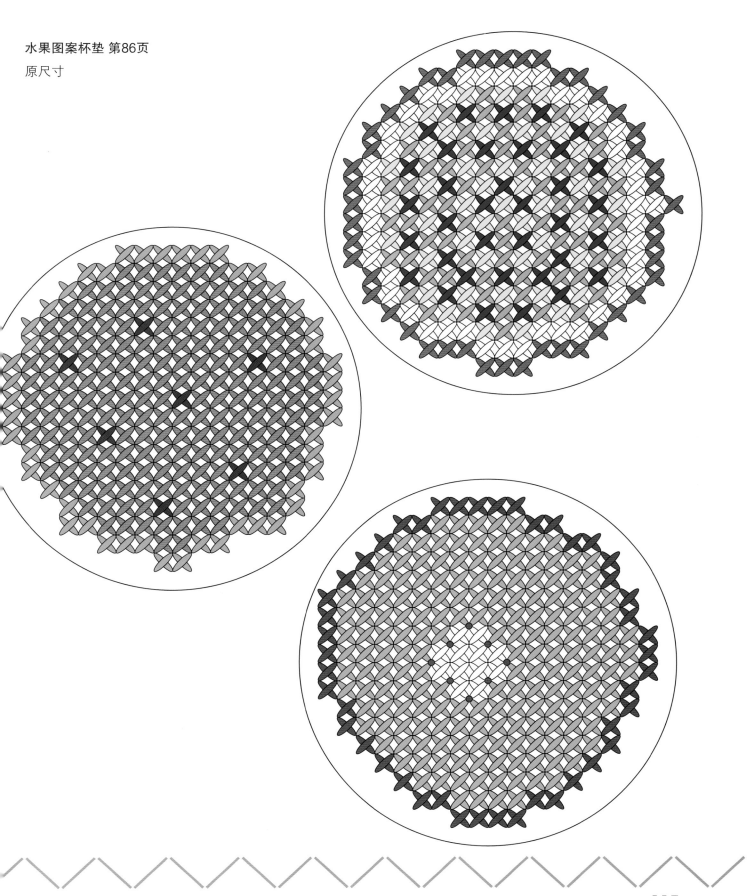

箭头图案抱枕 第91页

扩大200%使用

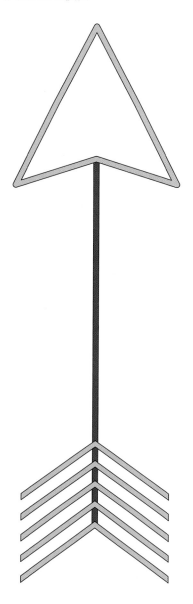

心形陶瓷饰品 第96页

原尺寸

原尺寸

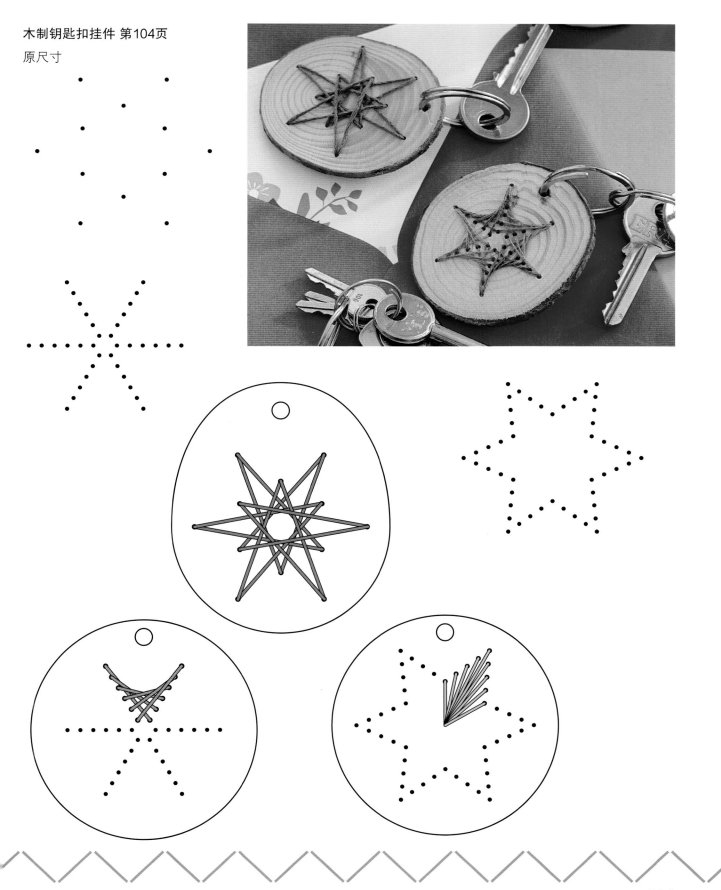

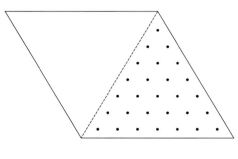

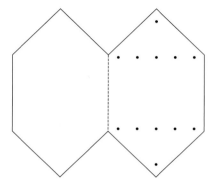

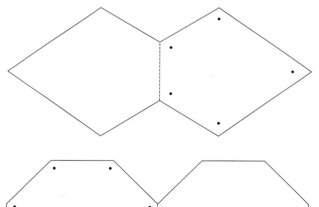

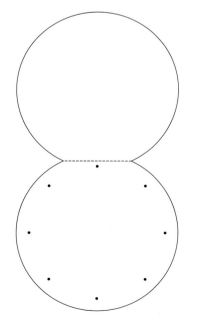

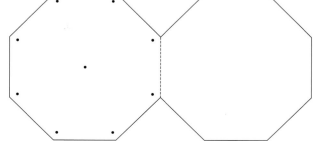